# Einführung in die thomistische Metaphysik V

## Das Seiende in Bewegung

# Einführung in die thomistische Metaphysik V

## Das Seiende in Bewegung

Miguel Grosso

Originaltitel: *Introducción a la Metafísica Tomista V
Das Seiende in Bewegung*
Autor: Miguel Grosso (2020)

# INHALTSVERZEICHNIS

# 1. DIE WIRKLICHKEIT DER VERÄNDERUNG

Für sowohl Aristoteles als auch Sankt Thomas ist der Ausgangspunkt aller philosophischen Betrachtungen in der sinnlichen Wirklichkeit, die effektiv gegeben ist.

Wie wir in der *Einführung in die thomistische Metaphysik III* gesehen haben, hatte das Problem von Sein und Werden im antiken Griechenland verschiedene Lösungen. Wir unterscheiden in diesem Sinne zwei extreme Strömungen, die trotz ihrer Gegensätzlichkeit zum selben Endresultat gelangten: Monismus. Aristoteles versuchte sich an einer eigenen Antwort, die immer noch Bestand hat.

1-Heraclitus von Ephesus (ca. 544-484 v. Chr.) war der Hauptvertreter einer dieser Strömungen. Sein grundlegendes Prinzip: Alles ist Bewegung. Für ihn gibt es nichts außer Bewegung, Werden, Geschehen und Veränderung. Sein ist nicht. Nichts bleibt. *Niemand badet zweimal im selben Fluss. Alles fließt*, wiederholte er.

*Es gibt Bewegung, antwortet Aristoteles; es gibt ein Werden, es gibt Veränderungen, aber es gibt auch das Sein, es gibt auch das Bleibende, das Unveränderliche, das Aktus, das wirkliche Sein. Die Verneinung jeglichen bleibenden und bestimmten Seins würde das Werden selbst verneinen, da ein Werden ohne etwas, das wird -ein permanentes Trägersein- eine Veränderung ohne etwas Bleibendes, das von einer Art des Seins zu einer anderen übergeht, sich nicht einmal vorstellen ließe. Wenn alles nur Werden ist, ist nichts, da alles nur Werden ist, und wenn nichts ist, ist alles dasselbe, wahr und falsch, Sein und Nichtsein, Werden und Nichtwerden. Das Prinzip des Widerspruchs, das erste und höchste im wissenschaftlichen Orden, würde ebenfalls verneint werden.*[1]

2-Die zweite Strömung ist die Eleatische Schule, deren Anhänger unter anderem Xenophanes, Parmenides, Melissus und Zeno waren. Parmenides (ca. 540-470 v. Chr.) war der prominenteste Vertreter. Gemeinsam mit Zenon trieben sie diese Lehre auf die Spitze und argumentierten geschickt.

Im Gegensatz zu dem, was Heraclitus behauptete, gibt es für sie nur das Tatsächliche: das bleibende Sein, kein Werden, keine Veränderung, weder akzidentell noch wesentlich -das heißt: Entstehen und Vergehen-, keine Vielfalt von Dingen; nur eine Art des Seins: Monismus. Sein ist. Nichtsein ist nicht. Bewegung ist scheinbar. Der Wechsel ist eine Illusion.

*Berühmt ist das Hauptargument: Nichts wird, denn wenn es so wäre, müsste es aus dem Nichts oder etwas geboren werden; aus dem Nichts wird es zu Nichts; was aus etwas wird, wird nicht, weil es schon war. Darauf antwortet Aristoteles; zwischen dem Nichts und dem realen Sein gibt es einen dritten Begriff: das potenzielle Sein. Daher die Lösung des Einwands: Was geboren wird, kommt nicht aus etwas Aktuellem, sondern aus etwas Potenziellem, so dass das, was nur wirklich möglich war, wirklich wirksam wird.[2]*

Aristoteles schließt in diese Klasse der eleatischen Monisten auch die früheren Philosophen ein. Diese, wie Anaxagoras, Empedocles und die Atomisten, unterstützten die Existenz bestimmter primitiver, bleibender und unveränderlicher Substanzen, denen sie jegliche wesentliche Veränderung verweigerten. Sie akzeptierten nur eine akzidentelle Vereinigung dieser primitiven Substanzen, aus der nur ein "anders sein" resultieren könnte, niemals jedoch ein "anderes Sein".

Die Sichtweise der Welt der Heraklitiker und der Eleatiker war eine Sichtweise, die jeder auf seine Weise negativ auf das Sein blickte. Für die einen ist das Sein nicht. Unmöglich zu sein, aufmerksam auf die ständige Entwicklung der Realität. Für die anderen ist das Sein und nichts bewegt oder verändert es. Unmöglich, die Zukunft der Dinge auf diese Weise zu erklären. Beide verleugnen die reale Bewegung: die einen, weil sie sie bis zum Punkt der Verneinung des Seins absolutieren (damit verneinen sie auch die Bewegung selbst, weil Bewegung **ist**), die anderen, weil sie sie für ein illusorisches Gespenst halten.

*Besonders bemerkenswert ist seine Widerlegung der Eleatiker und seine Kritik an Anaxagoras. Die Eleatiker hatten die Möglichkeit von*

2

*Veränderung verneint und somit das Problem der Prinzipien effektiv beseitigt. Anaxagoras war auf das andere Extrem gegangen und hatte gesagt, dass die Prinzipien unendlich seien. Aristoteles tritt diesen und ähnlichen Ansichten entgegen, analysiert sie und widerlegt sie, um seine eigene Denkweise zu festigen.[3]*

Aristoteles wird eine klare, gemäßigte realistische Doktrin ausarbeiten, die auf einer positiven Sicht des Seins gegründet ist: Die Bewegung ist wirklich. Und die Dinge sind. Weder das Werden ist dauerhaft noch gibt es kein Werden. Weder ist das Sein nicht noch ist es eine unerschütterliche Unveränderlichkeit. Das Sein ist und bewegt sich.

# 2. DIE VERÄNDERUNG

Wir müssen eine kurze Einführung in das aristotelische Denken aus der Physik oder Philosophie der Natur machen. Hier untersucht der Stagirite, wie es sich gehört, alles, was mit Veränderung und Bewegung zusammenhängt. Es ist unerlässlich, diese Konzepte sehr klar zu haben, um zum rein metaphysischen Kapitel überzugehen.

*Für Aristoteles beziehen sich die Gegenstände der Physik auf diejenigen Dinge, deren Sein von der Materie abhängt und ohne sie nicht definiert werden kann; die der Mathematik auf diejenigen Dinge, die nur in sinnlicher Materie existieren können, obwohl ihre Definition nicht in sie eingeht, und schließlich die der Metaphysik auf diejenigen Dinge, die weder hinsichtlich des Seins noch hinsichtlich der Definition von der Materie abhängen.[4]*

Aristoteles unterscheidet zwei Arten von Veränderung:

| |
|---|
| 1-Substanzielle Veränderung |
| 2-Akzidentelle Veränderung |

Substanzielle Veränderung beinhaltet eine grundlegende Modifikation einer Substanz. In diesem Fall unterscheiden wir zwei Annahmen: die der Entstehung und die der Zerstörung der Substanz *(generatio et corruptio)*. Bei dieser Art von Veränderung gibt es keine Bewegung.

*In Bezug auf die Substanz gibt es keine Bewegung, weil die Substanz kein Gegenteil unter den Dingen hat, die sind.[5]*

Akzidentelle Veränderung ist die eigentliche Bewegung. Sie betrifft nicht die Substanz selbst, sondern ihre Akzidenzien. Es gibt drei Arten von akzidenteller Veränderung:

1-**Quantitative**. Sie betrifft die Quantität. In diesem Fall untersuchen wir **Augmentation** und **Diminution**.

2-**Qualitative**. Sie betrifft die Eigenschaften der Substanz. In diesem Fall untersuchen wir **Alteration**.

3-**Lokale Bewegung**. Es handelt sich um die Ortsveränderung der Substanz. In diesem Fall untersuchen wir die **Translation**.

In seiner *Physik*, Kapitel VIII, unterscheidet Aristoteles aus einer anderen Perspektive zwischen eigentlicher Veränderung und akzidenteller Veränderung. Er sagt uns, dass alles, was sich verändert, dies auf eigentliche oder akzidentielle Weise tut. Das heißt: Jede Veränderung kann sein:

-**An sich** oder *per se*. Es handelt sich um eine natürliche Veränderung.

-**Akzidentiell** oder *per accidens*. Auch künstlich, erzwungen, gegen die Natur oder gewaltsam genannt.

Im Fall der Ruhe kann dieselbe Unterscheidung getroffen werden.

Aristoteles ist fest davon überzeugt, dass es Bewegung gibt. Für ihn ist sie offensichtlich. Sie ist keine Erscheinung, wie es für Parmenides oder Heraklit war. Deshalb nennt er das Universum *die Gesamtheit der Dinge, die sich bewegen.*

Zusammenfassend lässt sich sagen: Veränderung ist

---

**-In Bezug auf das Seiende, das sie betrifft**: substantiell oder akzidentell

**-In Bezug darauf, wie sie erzeugt wird**: natürlich oder künstlich

---

Substanzielle Veränderung impliziert die radikale Modifikation einer Substanz. Ein Seiendes hört auf, das zu sein, was es war, und wird zu einem anderen Seienden. Die beiden eigentlichen Formen dieser Veränderung sind Generation und Korruption.

(Generation ist) *substanzielle Veränderung, die in einer neuen Substanz endet.*[6]

*Generation. Veränderung, die zur Produktion einer Substanz führt.*[7]

So setzt Generation die Geburt oder das Auftauchen einer neuen Substanz voraus.

*Korruption.—Veränderung, durch die eine Substanz zerstört wird. Das Korrelat zur Generation, Veränderung, die in einer neuen Substanz endet. Jede Korruption beinhaltet notwendigerweise eine Generation.*[8]

Die Korruption impliziert den Tod, das Verschwinden oder die Vernichtung einer Substanz. Zum Beispiel beinhaltet das Keimen eines Samens das Verschwinden desselben und das Aufkommen einer neuen Pflanze.

Die akzidentelle Veränderung oder Bewegung setzt die Modifikation eines Akzidens der Substanz voraus, den Austausch einer akzidentellen Form gegen eine andere. Diese Art von Veränderung kann lokal, quantitativ oder qualitativ sein.

1-**Lokale Veränderung**. Sie beinhaltet die Translation einer Substanz von einem Ort zum anderen. Dies kann natürlich geschehen (z.B. die Bewegung der Wassermassen im Meer) oder künstlich (z.B. ich bewege ein Möbelstück von einem Ort zum anderen in meinem Raum).

*Lokale Bewegung (Translation) ist die erste Art der Bewegung und die Voraussetzung für das Auftreten der anderen. Sie ist allen natürlichen Körpern gemeinsam und vollkommener als die anderen.*[9]

2-**Quantitative Veränderung**. Sie besteht aus der Augmentation oder Diminution einer Quantität in einer Substanz. Sie kann ebenfalls natürlich sein (eine Zunahme des Gewichts bei einer Person) oder künstlich (die gleiche Zunahme des Gewichts aufgrund von überschüssiger Kleidung oder Mänteln).

*So wie lokale Bewegung für Veränderung erforderlich ist, so ist sie auch für Augmentation erforderlich. Denn das, was sich vermehrt oder verringert, variiert notwendigerweise in der räumlichen Größe; das, was sich vermehrt, nimmt einen größeren Platz ein, und das, was sich verringert, einen kleineren. Daraus folgt, dass lokale Bewegung der Augmentation in der Quantität naturgemäß vorausgeht.*[10]

3-**Qualitative Veränderung**. Sie besteht darin, eine Qualität der Substanz durch eine andere zu ersetzen. Sie kann ebenfalls natürlich sein (meine Haare werden mit den Jahren grau) oder künstlich (die gleichen Haare werden schwarz, weil ich sie gefärbt habe).

*Alteration.—In der aristotelischen Physik eine qualitative Veränderung; z.B. Temperaturänderung.*[11]

Jede Veränderung impliziert den Übergang vom Nicht-Sein zum Sein und umgekehrt.

In all dieser Entwicklung haben wir auf körperliche Entitäten verwiesen und werden dies weiterhin tun. Nur in ihnen kann es eine substanzielle Veränderung und akzidentelle Veränderung geben. Bei spirituellen Entitäten kann nur eine akzidentelle Veränderung auftreten.

In akzidenteller Veränderung bleibt das Substrat (*substratum, substratus*) erhalten. Die Akzidenzien ändern sich, aber die Substanz ändert sich nicht. Von Generation oder Korruption zu sprechen ist nicht möglich. Der Körper (die Substanz) bleibt trotz der Veränderungen erhalten.

Bei substanzieller Veränderung ist es die Substanz selbst, die von Korruption oder Generation betroffen ist. Aber die Materie bleibt immer erhalten, diejenige, die eine neue Form erhalten wird.

Zusammenfassend:

Veränderungen werden unterschieden in:

1-Generation und Korruption (gemäß der Kategorie der Substanz);

2-Alteration (gemäß der Kategorie der Qualität);

3-Augmentation und Diminuton (gemäß der Kategorie der Quantität);

4-Translation (gemäß der Kategorie des Ortes).

Am Anfang von Buch V der *Physik* führt Aristoteles eine neue Klassifikation ein. Er wird sagen, dass das, was sich verändert, dies auf drei Arten tut:

-Akzidentell oder *per accidens*

-Teilweise oder *per partem*, und

-Von sich aus oder *per se primum*.

Im folgenden Text erklärt er die vorherige Aufteilung. Beachten Sie, dass er die Unterscheidung zwischen Veränderung (für die Substanz) und Bewegung (für das Akzidens), die wir oben erklärt haben, verwässert.

*Alles, was sich ändert oder bewegt, tut dies: a)akzidentell* **(per accidens)**, *wie wenn wir von einem Musiker sprechen, der geht, weil demjenigen, der geht, akzidentell das Sein eines Musikers zukommt; b)***(per partem)** *wenn gesagt wird, dass eine Sache einfach deshalb verändert wird, weil sich* *etwas verändert, was zu ihr gehört, wie wenn wir sagen, dass etwas in einem ihrer Teile verändert wird (zum Beispiel, wenn wir sagen, dass der Körper heilt, weil sich das Auge oder die Brust, die zu ihm gehören, heilen); oder c)***(per se primum)***, wenn es weder durch Akzidens noch durch die Bewegung von etwas, das zu ihm gehört, bewegt wird, sondern sich primär von sich selbst bewegt, was dem eigen ist, was an sich selbst bewegungsfähig ist, und in jedem Fall unterschiedlich ist, wie im Fall des Veränderlichen und innerhalb des Veränderlichen, des Heilbaren und des Erwärmungsfähigen.*[12]

Und ebenso, um die Bewegung zu betrachten, unterscheidet Aristoteles zwischen dem, was bewegt, und dem, was bewegt wird:

---

-Es bewegt sich akzidentell
-Es bewegt sich zum Teil ursprünglich und zum Teil akzidentell
-Es bewegt sich ursprünglich

---

*Und es gibt dieselben Unterscheidungen auch beim Beweger: Eine Sache verursacht die Bewegung akzidentell, eine andere teilweise (weil etwas, das zu ihr gehört, die Bewegung verursacht), eine andere von sich aus direkt, wie zum Beispiel der Arzt heilt, die Hand schlägt.*[13]

*Zum Beispiel, im Fall des Mathematikers, der ein Buch aus dem Regal nimmt, wäre der Beweger per se primum physisch der Mensch, per partem seine Hand und per accidens der Mathematiker.*[14]

# 3. DIE BEWEGUNG

Es war klar aus der obigen Darlegung, dass für Aristoteles die Bewegung die Veränderung ist, die in den Akzidenzien des Seienden erzeugt wird, aber nicht die Veränderung, die in der Substanz erzeugt wird. Buch V der *Physik* legt dieses Kriterium fest.

Ebenso, jedoch bereits im Hinblick auf die Philosophie des Seins, wiederholt er das herausgestellte Konzept in Buch XI der *Metaphysik*.

Gemäß dem Obigen ist die Bewegung eine Veränderung, die auf Akzidenzien beschränkt ist, und die Veränderung selbst ist die Veränderung in der Substanz. Daher gelten weder substantielle Korruption noch Generation sind keine Bewegungen, sondern Veränderungen.

Wir müssen jetzt klären, dass Aristoteles selbst für die Widerlegung dieser Konzepte verantwortlich ist.

Bekannte Gelehrte des Stagiriten behaupten, dass wir den herausgestellten Unterscheidungen nicht allzu viel Beachtung schenken sollten, da Aristoteles sie nicht streng einhält. In der *Physik*, wo der Unterschied am deutlichsten ist, gibt es keine konstante Präzision. Sie betrachten Buch V der *Physik* als unauthentisch, es gehört einem Schüler von Aristoteles, und als solches sollte es sich auf einen Anhang zum Werk beziehen. Andererseits wird auch in der *Metaphysik* der Unterschied zwischen Veränderung und Bewegung nicht aufrechterhalten.

*Und in Buch I der Metaphysik kann man auch beobachten, dass Aristoteles, wenn er von der effizienten Ursache spricht, vom Prinzip der Bewegung spricht, während er dieselbe Ursache in der Physik aufzählt, spricht er vom Prinzip der Veränderung. Diese Ausdrucksweise wird auch in Buch X der Metaphysik wiederholt. Dies bedeutet, dass die effiziente Ursache das Prinzip der Veränderung im Allgemeinen und der Bewegung ist. Sollte dies als eine besondere Form der Veränderung verstanden werden? Oder sollten wir eher verstehen, dass es keinen Unterschied zwischen den beiden Konzepten gibt? Eine globale Bedeutung findet sich auch in der Metaphysik, in Buch XII, Kapitel 4. Aristoteles spricht von der ersten bewegenden Ursache für verschiedene Dinge. Und unter diesen nennt er die Generation, die zuvor als Veränderung und nicht als Bewegung erschienen ist. Und in Kapitel 6, bevor er den reinen Akt demonstriert, versteht er auch die Bewegung als Synonym für Veränderung. Er spricht auch von der Ursache, die sich von diesen unterscheidet, und die zunächst alles bewegt.[15]*

Nach dieser notwendigen Klarstellung aus der Sicht der thomistischen Metaphysik (die hauptsächlich auf dem Aristotelismus basiert) ist die Bewegung jede Veränderung, die in der Realität der Seienden stattfindet, sei es in der Substanz oder in den Akzidenzien. Veränderung und Bewegung bedeuten dasselbe. Sie sind austauschbare Begriffe.

Es gibt keine Veränderung oder Bewegung außerhalb der Kategorien. Darüber hinaus berücksichtigt der Thomismus auch für die Physik nicht die Unterscheidung zwischen Veränderung und Bewegung. Sie funktionieren als Synonyme.

*Es wird nun bemerkenswert sein, dass "beweglich" sowie "Bewegung" im Peripatetismus in einem sehr weitreichenden Sinne verstanden werden müssen: Sie bezeichnen in der Welt der Natur alle Arten von möglicher Veränderlichkeit oder Mutation.[16]*

### Das Werden

Für Aristoteles ist die Welt der Natur in erster Linie die der fortwährenden Veränderung. Sie wird von der Physik untersucht.

Sankt Thomas wird in seinem *Kommentar zu Physik I* sagen:

*Und weil alles, was Materie hat, beweglich ist, folgt daraus, dass das bewegliche Seiende das Thema der Naturphilosophie ist. Denn die Naturphilosophie befasst sich mit natürlichen Dingen, und natürliche*

*Dinge sind diejenigen, deren Prinzip die Natur ist. Aber die Natur ist ein Prinzip der Bewegung und Ruhe in dem, in dem sie ist. Daher befasst sich die Naturwissenschaft mit denjenigen Dingen, die in sich ein Prinzip der Bewegung haben.*[17]

Aristoteles sagt in *Physik*:

*Wir hingegen müssen voraussetzen, dass die Dinge, die von Natur aus existieren, entweder alle oder einige von ihnen, in Bewegung sind - was in der Tat durch Induktion klar wird.*[18]

*Die Physik untersucht zwei Hauptthemen: einerseits natürliche Prinzipien und andererseits die Bewegung selbst und ihre verschiedenen Arten.*[19]

Gemäß Sankt Thomas gibt es zwei Arten des Werdens:

---

-**Substantielles Werden**. Gemäß dem etwas wird. Zum Beispiel wird es eine Statue oder ein Tisch.

-**Akzidentelles Werden**. Gemäß dem etwas dies oder jenes wird. Zum Beispiel wird es weiß, warm oder an einem bestimmten Ort platziert, usw.

---

Die Untersuchung des absoluten oder substantiellen Werdens setzt das Wissen über die Prinzipien des beweglichen Seienden voraus; die des akzidentellen Werdens beinhaltet neben der Analyse der Veränderung auch die der intrinsischen oder extrinsischen Bedingungen.[20]

Aristoteles lehrt:

*Alles, was geworden ist, ist etwas, von etwas und durch etwas*[21]

Damit zeigt er die drei Hauptelemente im Prozess des Werdens auf:

1-Das, was geworden ist, d.h. die aktuelle Entität.

2-Das, aus dem die aktuelle Entität geworden ist, d.h. die potentielle Entität.

3-Das, wodurch die potentielle Entität aktuell wird, das ist die effiziente Ursache.[22]

Die effiziente Ursache ist notwendig für das Werden der Dinge: das potenzielle Seiende ist zum aktuellen Seiende wie das Nicht-Sein zum Sein, und kann daher sich selbst nicht das Sein geben, da es es noch nicht hat. Es muss von einem anderen bewegt werden, da es passiv ist. Und dieses andere ist die effiziente Ursache. Außerdem besteht zwischen ihnen und ihrem Objekt das Verhältnis von Akt zu Potenz. Der Akt, in dem die effiziente Ursache das potenzielle Seiende bewegt, und der Akt, in dem das potenzielle Seiende bewegt wird, ist derselbe, mit lediglich der logischen Unterscheidung, dass derselbe Akt aktiv von der effizienten Ursache ausgeht und passiv vom potenziellen Seienden aufgenommen wird.[23]

### Die Prinzipien der Veränderung oder Bewegung

Aristoteles' Physik ist eine der Veränderung oder des sich bewegenden Seienden.

Die Prinzipien der Veränderung oder Bewegung sind dreifach: **Form, Privation und Materie**.

Lassen Sie uns dies veranschaulichen. Nehmen wir eine nicht-weiße Wand. Ich male sie weiß. Wir unterscheiden zwei Terme: einen erworbenen Begriff, die Farbe Weiß. Einen anfänglichen Begriff: eine nicht-weiße Farbe. Es gibt einen Übergang von nicht-weiß zu weiß. Ich nenne die weiße Form diejenige, die die Wand jetzt hat, die aus der Privation der nicht-weißen Form entsteht. Man kann sagen, dass jede Veränderung zwischen zwei entgegengesetzten Begriffen erfolgt: dem Fehlen oder der Privation jeglicher physischer Bestimmung (Ich entzog der Wand die Nicht-Weißheit) und der erworbenen Realität dieser Bestimmung (Ich versah die Wand mit der Farbe Weiß).

Das Subjekt, das zuerst von der Privation qualifiziert wird, wird sofort von der Form qualifiziert: Der nicht-weiße Körper wird zu einer weißen Wand.

Jede Veränderung setzt daher eine Verbindung voraus: eine Einheit zwischen den extremen Begriffen. Die Veränderung impliziert ein Werden eines Anderen (einer anderen Wandfarbe), das eine Beständigkeit unter einem bestimmten Gesichtspunkt dessen voraussetzt, was es war. Wenn es eine absolute Diskontinuität zwischen den Begriffen einer Veränderung gäbe, würde die Notion der Veränderung selbst unintelligibel werden. Hier ist der dritte Begriff, der den Prozess der Veränderung und seine Begriffe unterstützt. Es ist die **Materie**.

Jede Veränderung erfordert daher:

1-Das Subjekt, das sich verändert: die **Materie**.

2 Die Bestimmung, die empfangen wird: die **Form**.

3-Das vorherige Fehlen dieser Bestimmung: die **Privation**.

Aristoteles behauptet, dass nur Gegensätze Prinzipien sind. In der Grundlage der Gegensätzlichkeit ist etwas notwendig, das in sich selbst nicht Gegensätzlichkeit ist. Die Substanz hat keinen Gegensatz. Als solche ist sie die Grundlage aller Veränderungen.

Aus den drei Prinzipien werden wir die konstitutiven Elemente des körperlichen Seienden ableiten. Eines dieser Prinzipien ist negativ, die Privation. Sie hat keine Realität, außer in Bezug auf eine Bestimmung, die kommen wird. Sie wird nicht zu den ursprünglichen Konstituenten des körperlichen Seienden gezählt. Somit bleiben Form und Materie, die eine analoge Bedeutung haben.

*Nun unterscheiden wir Materie und Privation und halten fest, dass eines dieser Elemente, nämlich die Materie, in einem gewissen Sinne nicht existiert, während die Privation in ihrer eigenen Natur nicht existiert; und dass die Materie in gewisser Weise Substanz ist, während die Privation in keiner Weise Substanz ist.*[24]

Zusammenfassend:

*Die Untersuchung der Bewegung kann durch die Unterscheidung von drei verschiedenen Ausgangspunkten angegangen werden. Nach dem* **induktiven Verfahren** *geschieht dies für Aristoteles unmittelbar und direkt: es gibt Korruption, wenn die Bewegung von einem Subjekt zu einem Nicht-Subjekt erfolgt; Generation, wenn sie von einem Nicht-Subjekt zu einem Subjekt erfolgt, (...)* **Aus der Sicht der Kategorien** *kann es nur Bewegung in Qualität (Alteration), Quantität (Augmentation und Diminution) und lokaler Bewegung (Ortswechsel) geben.* **Der dritte Ansatz ergibt sich aus der Dialektik zwischen Form und Privation***: Es gibt Bewegung, wenn man des Gegenteils beraubt wird und es sich bewegt hat; wenn das, was einst Privation war, nun Form ist. Jetzt können Form und Privation nur gegeben und korrupt sein, wenn es ein Subjekt gibt, das beides besitzt und in beidem verbleibt.*[25]

# 4. DIE MATERIE

*Der erste Philosoph im Westen, bei dem die Vorstellung von Materie einen "technischen" philosophischen Charakter annimmt, ist Aristoteles. Das bedeutet nicht, dass Aristoteles nicht viel den vorangegangenen Denkern -den Vorsokratikern und Plato- in Bezug auf dieses Konzept verdankte. Aber Aristoteles klärte es nicht nur mehr als seine Vorgänger auf, sondern bereicherte es gleichzeitig.[26]*

Aristoteles sagt in *Physik* Buch I, Kapitel 9:

*Ich nenne Materie das erste Substrat für jedes Sein, aus dem etwas entsteht und immanent und nicht akzidentell bleibt.[27]*

Sankt Thomas in seinem *Kommentar zur Physik*, reflektiert über den aristotelischen Text:

*Denn wir sagen, dass die Materie das erste Subjekt ist, aus dem etwas per se und nicht per accidens entsteht und das in der Sache ist, nachdem sie entstanden ist.[28]*

In der *Summa Theologica* wird er sagen:

*Die Materie ist das, aus dem etwas gemacht wird[29]*

Die Materie als Substrat ist nicht einfach eine Substanz, da sie etwas Gemeinsames für alle Substanzen ist. Es ist eine Art Matrix der physischen Realität und nicht die physische Realität selbst. Wenn die Materie also ein Substrat ist, dann in einem Sinn, der sich von der Substanz unterscheidet. Als "Substrat von" ist die Materie die "sinnliche Realität", aus der eine oder mehrere Bestimmungen abstrahiert werden können. Zum Beispiel können Figuren und Quantitäten oder Formen und Universalien abstrahiert werden.[30]

Das charakteristische Merkmal der Materie ist ihre absolute Unbestimmtheit. In diesem Zusammenhang lehrt der Stagirit:

*Mit Materie meine ich das, was an sich weder ein bestimmtes Ding noch eine Quantität ist noch von einer der Kategorien, die das Sein definieren, bezeichnet wird.*[31]

Die Materie ist reine Potenz im folgenden Sinne: Sie ist das Subjekt des ersten Aktes, der einem Seienden Realität verleiht. Wenn die Materie bereits vor Erhalt der Form aktualisiert worden wäre, wäre sie Substanz.

Daher können wir feststellen, dass die Materie weder "das, was existiert", noch "das, was geboren wird", sondern "das, wovon" das Kompositum (das körperliche Seiende) existiert. Das wahre Subjekt des Seins ist das Kompositum aus Materie und Form, das heißt das körperliche Seiende.

Für Aristoteles -im Gegensatz zu den Eleaten- gibt es zwischen dem aktuellen Seienden und dem Nichts einen Zwischenraum, nämlich das potenzielle Sein (Seiende). Dieser Zwischenraum manifestiert sich insbesondere in der substantiellen körperlichen Generation durch die **Urmaterie** *(materia prima)*, auch als **reine Materie oder ultimative Materie** bezeichnet. Die Urmaterie ist die fundamentale und gemeinsame Grundlage für alle Materie.

*Daher kann die Urmaterie positiv definiert werden, indem man sagt, dass sie das erste Subjekt eines jeden körperlichen Seins ist, aus dem, als interner konstitutiver Mit-Prinzip, das substantielle Sein des körperlichen Seienden geboren wird (...) Die Urmaterie ist "Subjekt", weil sie als Träger der zu empfangenden Form dieser unterliegt. Sie ist das "erste" Subjekt, weil sie Träger des substantiellen Seins des Körpers ist, das Aristoteles als das erste Sein der Sache betrachtet, im Gegensatz zu allen weiteren akzidentellen Bestimmungen.*[32]

Die Urmaterie ist nicht:

-Etwas Isoliertes und Abgetrenntes vom existierenden körperlichen Sein.

-Etwas, aus dem, wie aus einem ersten Subjekt, alle körperlichen Sein entstehen und in dem sie sich wieder auflösen.

-Etwas, das, durch die Form aktualisiert, die neue geborene Sache als substanzielles Teil von ihr bildet.

All das ist aus der aristotelischen Sicht falsch. Die Urmaterie, als passives potenzielles Sein, findet sich in jedem existierenden körperlichen Sein als fundamentaler Grund für seine körperliche Veränderlichkeit. Sie geht niemals als solche in das neue integrale Teil über, das durch das körperliche Sein aktualisiert wird; sonst wäre sie nicht mehr potenziell oder daher fähig, neue Formen zu empfangen. Daher, wenn hier von der Urmaterie als lediglich realem potenziellem Aktualitäts-Sein gesprochen wird, meinen wir damit eine reale Disposition in jedem aktualen körperlichen Sein, die jedoch als solche nichts Aktuelles, sondern nur Potenzielles besitzt und daher in der Lage ist, jede neue Form zu empfangen.[33]

Die Urmaterie selbst ist **eins**: Nichts ermöglicht es uns, tatsächliche Teile darin zu unterscheiden; sie ist nicht vielfältig, sondern potentiell.

*Aber wo sich Sankt Thomas am rigorosesten ausdrückt, ist, wenn er erklärt, dass die Urmaterie im eigentlichen Sinne keine Essenz hat, sondern dass die Potenz selbst ihre Essenz ist: "Materia prima est in potentia ad actum substantialem, qui est forma, et ideo ipsa potentia est ipsa essentia ejus".*[34]

Negativ betrachtet ist die Materie, wenn sie absolut für sich betrachtet wird, weder Substanz noch Quantität noch irgendetwas anderes, das die Seiende bestimmt.

*Nach dieser Auffassung wäre die Urmaterie aufgrund ihrer inneren Natur als solche undeterminiert. Diese Definition bildete später eine Schule. Wir finden sie sogar bei Plotinus, dem Fürsten des Neuplatonismus, dann bei Sankt Augustinus und natürlich bei Sankt Thomas (...).*[35]

Positiv betrachtet leugnet Aristoteles nicht alle Substanz für die Materie in ihrer Anordnung zum Kompositum, das durch sie konstituiert wird. In diesem Punkt folgt ihm Sankt Thomas.

*Wenn die Urmaterie aufgrund ihres inneren Seins in keiner Weise eine bestimmte Substanz ist und dennoch in Bezug auf das Kompositum etwas Substantielles ist, ist offensichtlich, dass sie kein "Nichts" sein kann. In Aristoteles' Ansicht ist der Naturphilosoph oder der Physiker derjenige, der uns über diesen positiven Aspekt der Urmaterie informieren sollte.*[36]

Für Sankt Thomas ist die Urmaterie etwas Reales, auch wenn sie reine Potenz ist: *Obwohl die Urmaterie formlos ist, haftet ihr dennoch eine gewisse Nachahmung der ersten Form an; wie schwach auch immer ihr Sein sein mag, es ist dennoch das Abbild des ersten Seienden.* Aber da das Sein aus der Form stammt, kann die Realität, die die Urmaterie besitzt, nur aus ihrer Disposition zur Form kommen, genauer gesagt, aus ihrer Partizipation am Sein durch die Form. *Es wird gesagt, dass die Materie dank dessen, was zu ihr kommt, aufgrund sich selbst ein unvollständiges Sein hat, darüber hinaus hat sie kein Sein.*[37]

Nun denn, wenn es eine Urmaterie gibt, dann deshalb, weil es eine zweite Materie gibt. Die zweite Materie kann definiert werden als *das Subjekt, in dem akzidentelle Formen oder Bestimmungen körperlicher Substanzen aufgenommen werden.*[38]

Die Materie wird als reine Potenzialität verstanden. Aus ihr erfolgt eine Generation, wenn sie von einer Form bestimmt wird, die sie verwirklicht und konfiguriert.

Für Aristoteles war die Materie ewig, das heißt, nicht gezeugt. Eine Aussage, die Sankt Thomas aufgrund der Schöpfung in der Zeit nicht teilt. Die Urmaterie ist geschaffen, aber sie ist nicht gezeugt. Die Urmaterie wird als zweite Materie im Kompositum erzeugt und ist darin ebenfalls vergänglich.

*(...) Ich nenne "Materie" das erste Substratum in jeder Sache, das interne und nicht akzidentelle Konstitutiv, aus dem etwas entsteht; daher müsste es vor dem Entstehen sein. Und wenn es zerstört würde, würde es schließlich dazu kommen, in einer Weise, dass es zerstört worden wäre, bevor es zerstört wurde.*[39]

Plato behauptete, dass nur der Intellekt, abgelöst von den Sinnen und durch unrichtiges Denken, die Materie verstehen könne (*Timaios*, 52. B. (Ed. Did., II, 219, 47). Plotinus vertrat die gleiche Meinung. Nach seinem Kriterium ist die Materie nicht direkt erkennbar, weil sie keine Form hat (*Enneaden*, II, 1. IV (X) (76, 45). Aristoteles teilte die Behauptung. Er betrachtete die Urmaterie als das Subjekt aller substantiellen Formen auf ähnliche Weise, wie wir die zweite Materie als das Subjekt akzidenteller Formen betrachten. Die Art und Weise, die Urmaterie zu erkennen, ist daher indirekt und diskursiv. In völliger Übereinstimmung damit ist auch ihre Einheit nicht tatsächlich, erreicht durch eine Form, sondern nur potenziell, in Bezug auf eine Form.[40]

Nach Aristoteles und Sankt Thomas werden Materie und Form immer als Potenz und Akt zueinander in Beziehung gesetzt. Die Form ist der erste Akt der Materie. Die Urmaterie fehlt an Aktualität, sie ist reine Potenz. Es ist die Form, die ihr Aktualität verleiht. Die Urmaterie ist in Potenz, eine Form zu empfangen, das heißt, aktualisiert zu werden. Von Potenz zur Aktualität als Materie im Akt werden.

# 5. DIE FORM

Die Form ist das, was die Materie dazu bestimmt, etwas zu sein. Sie ist das, wofür ein Seiende ist, was es ist. Zum Beispiel: Auf einem hölzernen Tisch ist Holz die Materie, aus der der Tisch gemacht ist, und die Form ist das Modell, dem der Schreiner gefolgt ist, um den Tisch herzustellen.[41]

Die Form konfiguriert die Urmaterie. Dabei bilden sowohl Materie als auch Form zusammen das korperliche Seiende. Aber neue Formen können auf die zweite Materie zugreifen, diesmal jedoch nur akzidentelle Veränderungen am Seiende bewirken. Schließlich sei daran erinnert, dass die Urmaterie im konstituierten Seiende nicht verschwindet, sondern in neuer substantielle Form in Potenz bleibt.

Die Beziehungen zwischen Materie und Form können auf zwei grundlegende Arten reduziert werden:

---

1-**Urmaterie-substantielle Form**. Die Substanz wird umgewandelt. Es gibt Prozesse der Generation und Korruption

2-**Zweite Materie-akzidentelle Form**. Die Substanz bleibt gleich. Es treten akzidentelle Veränderungen in der Substanz auf

---

Die Begriffe der ersten Beziehung liegen der Konstitution korperlicher Seiender zugrunde.

In der substantiellen Verbindung ist die Form ontologisch in erster Linie: Das körperliche Seiende ist in erster Linie Form. Die Form hat Vorrang vor der Materie, die sie konfiguriert. Daher bestehen körperliche Substanzen hauptsächlich aus Urmaterie und substantieller Form.

Auf einer oberflächlicheren Ebene und in Bezug auf Veränderungen, die das wesentliche Sein der Dinge nicht beeinträchtigen (Akzidenzien), finden wir die Paare: zweite Materien-akzidentelle Formen.

*Während das Verhältnis von Materie und Form die Realität in einem sehr allgemeinen und gewissermaßen statischen Sinn betrifft, gilt das Verhältnis von Potenz zu Akt für die Realität, soweit diese Realität sich in Bewegung befindet (d. h. im Zustand des Werdens). Das Verhältnis von Potenz zu Akt ermöglicht es uns zu verstehen, wie sich Dinge ändern (ontologisch); das Verhältnis von Materie zu Form ermöglicht es uns zu verstehen, wie Dinge zusammengesetzt sind.*[42]

Nun denn, die Form in körperlichen Seienden ist nicht die Essenz des Seienden. Die Essenz des körperlichen Seienden ist die Verbindung von Materie und Form. Aber die Form ist die Essenz in einfachen Seienden (menschliche Seele und Engel), die keine Materie haben.

Die substantielle Form ist, darauf bestehen wir, ein immanentes und nicht akzidentelles Prinzip des beweglichen Seienden. Sie ist der erste Akt der sinnlichen Substanz, durch den sie existiert und durch den sie ein solches Seiende ist.

*Die Form (...) ist Platos Idee, vom Himmel auf die Erde gebracht; sie entspringt derselben Sorge: Wissen zu gründen und theoretisch ihren Anforderungen gerecht zu werden.*[43]

Wie die Materie hat auch die Form keine unabhängige Existenz und wird nicht generiert. Streng genommen werden weder Materie noch Form getrennt generiert. Was generiert wird, ist die Verbindung von beiden, und in ihr erhalten beide das erste aktuell Sein.

Die Materie kann sich keine Formen geben. Die Materie und die Form des neuen Dings (der Verbindung) sind gleichzeitig, tatsächlich untrennbar vereint. Keiner von ihnen hat in irgendeiner Weise eine Existenz vor dem anderen. Materie und Form werden nicht getrennt generiert. Sie treten gleichzeitig in einem Dritten, der Verbindung, auf.

Weder Materie noch Form können separat Aktivität besitzen. In der Verbindung haben sie sie.

Im Prozess der Generation wird die Form nicht von einem Subjekt auf ein anderes übertragen. Die Formen werden aus der Potenz der Materie selbst gewonnen, die sie zu aktualisieren kommen. Schließlich müssen wir sagen, dass aufgrund der wesentlichen Einheit der Verbindung eine Materie zu einem bestimmten Zeitpunkt nur von einer einzigen substantiellen Form aktualisiert werden kann.

*Doch die Form kann sich nicht selbst begehren, denn sie ist nicht mangelhaft; noch kann das Gegenteil sie begehren, denn Gegensätze zerstören sich gegenseitig. Die Wahrheit ist, dass das Begehren der Form die Materie ist, wie das Weibliche das Männliche begehrt und das Häßliche das Schöne – nur das Häßliche oder das Weibliche nicht an sich, sondern akzidentell.*[44]

Materie und Form vereinigen sich, um die substantielle Verbindung zu bilden, das heißt, das konkrete körperliche Seiende, wie es in der Natur, in der Realität, gefunden wird. Es ist wahrhaftig "das, was existiert". Es ist daher das, was der angemessene Anfang und das Ziel von Generation und substantieller Korruption ist. Es ist auch das Subjekt von Akzidenzien. Die Aktivitäten des Subjekts werden auf sie, als auf ihr radikales Prinzip, verwiesen. Materie und Form sind unmittelbar vereint, ohne das Eingreifen eines substantiellen Einheitsmodus. Materie und Form werden direkt als Potenz und Akt bestimmt.

*Die Form und die Materie sind nicht vom Ding getrennt, während der Ort getrennt werden kann.*[45]

*So ist Form Akt, aber der Akt reduziert sich nicht auf die Form, die Bewegung ist ebenfalls Akt. Gerade deshalb ist es schwer zu definieren. Die Bewegung wird so ungenau konzeptualisiert, weil "es scheint, etwas Unbestimmtes (aóristón) zu sein" (Metaphysik, K-9, 1066a 17 und Physik, T-2, 201b 27-28). Sie ist auch keiner der Kategorien assimilierbar. (Vgl. Metaphysik, K-9, 1066a 9-21 und Physik, T-2, 201b 16-32).*[46]

## Die Bewegung aus der Perspektive der Form betrachtet[47]

Aristoteles reflektiert oft über die Bewegung, indem er die substantielle Verbindung von Materie und Form betrachtet, die er *sýnolon* nennt.

Nicht nur Lebewesen besitzen Bewegung in sich. Der Stagirite betont, wie selbst die ersten Elemente, aus denen alle Dinge bestehen -die letzten grundlegenden Unterschiede der Natur-, ständig in Bewegung sind: *sie imitieren unvergängliche Dinge, auch solche, die dem Wandel unterworfen sind, wie Erde und Feuer. Diese sind immer in Aktivität, weil sie von sich aus und in sich selbst Bewegung haben.* Der Unterschied zwischen der Bewegung des Lebenden und der des Nicht-Lebenden liegt nicht im Besitz von Bewegung (ein totes oder inertes Leben im Gegensatz zu einem aktiven), denn beide sind radikal in Bewegung.

Aus dem gesamten aristotelischen Korpus und unter Berücksichtigung der Beziehung zwischen Form und Bewegung können wir die folgenden Lehren ziehen:

1-Form und Bewegung sind nicht identisch. Die Form ist das, wodurch das körperliche Seiende das ist, was es ist und nicht ein anderes, während *die Bewegung immer ein Anderes ist.*

2-Die Form ist das Prinzip, nach dem der Körper organisiert ist. Die Form, die das Wachstum lenkt, besitzt Vitalität und Aktivität. Und das liegt daran, dass es Form ohne Materie ist: Es ist nicht die Materie, die das Prinzip des Wachstums ist, sondern die Form. Die Materie ist vielmehr das Prinzip der Passivität: *Materie als Materie ist passiv.*

3-Die Form konfiguriert die ursprüngliche Materie und integriert neue Materie (neue materielle Formen). Die Form ist wie ein Kanal, denn durch sie wird neue Materie inkorporiert: Auf diese Weise wird dieser Kanal immer größer, das heißt, seine Fähigkeit zur Aktivität wächst. Die Form ist daher kein Prinzip der Statik, sondern der Dynamik.

4-Die gleiche Form wiederholt sich in vielen Materien, mit der einzigen Ausnahme, dass es geeignete Materien sind. Die Form des Lebendigen generiert andere ähnliche Formen. Die Universalität der Form im Lebendigen wird von der Form selbst gesucht. Die Form generiert sich nicht, weil ihr ein externer Agent sie aufzwingt, sondern sie ist repetitiv.

5-Die Form stellt den Anfang und das Ende der Bewegung dar. Körperliche Seiende sind aktiv; sie besitzen den Anfang der Bewegung in sich. Die Aktivität, die mit der Form einhergeht, impliziert keine Veränderung der Form.

6-Die Bewegung wird gemäß der Form bestimmt. Die Bewegung ist formal. Sich zu bewegen bedeutet auf die eine oder andere Weise, zu formalisieren. Der Beweger bewegt, weil er Form hat: und sich zu bewegen bedeutet immer die Übertragung einer Formalität. Aus dieser Sicht ist die Bewegung im Vergleich zur Form unvollkommen.

7-Die Bewegung ist auf die Erreichung einer Form ausgerichtet.

8-Die Form ist das, was als Ziel in der Bewegung gesucht wird. Daher ist die Form nicht generierbar und unvergänglich.

9-Die Bewegung hingegen ist das Unvollkommene, das Unfertige, im Gegensatz zur Vollkommenheit der Form.

10-Im Falle von akzidentellen Veränderungen ist die Bewegung nach der Konstitution der Sache sekundär, die bereits durch die substantielle Form erreicht wurde..

11-Akzidentelle Veränderung dringt nicht in die Form der Sache ein, die weiterhin "das ist, was sie ist", sie bleibt unverändert.

12-Es entspricht zu sagen, dass die Bewegung erfolgt, soweit sie formal ist. Jede Bewegung impliziert Formen: vorher, währenddessen und danach.

13-Die Veränderung der Formen offenbart die Realität der Bewegung. Einige Bewegungen unterscheiden sich von anderen durch die Formen, die sie beinhalten.

14-Die Besonderheit des natürlichen Seienden besteht darin, diesen Anfang der Bewegung in sich selbst zu besitzen, soweit es selbst ist. Die Form, die tatsächlich jedes Seiende bestimmt und es von anderen unterscheidet, muss eng mit diesem Anfang einer Bewegung verknüpft sein, der im Subjekt selbst ist, soweit es selbst ist.

15-Die Bewegung ist nicht in der Form, sondern im bewegten Seienden, das heißt, im beweglichen Seienden im Akt.

16-Die Formen werden nicht generiert oder korruptiert: *Einen Bronzekreis zu machen, bedeutet nicht, die Rundheit oder die Kugel zu schaffen.*

17-Dass die Form in gewisser Weise als Anfang der Bewegung dargestellt wird, bedeutet nicht, dass sie selbst in Bewegung ist. Was sich bewegt, was produziert wird, ist diese bronzerne Kugel, aber weder die Kugel noch das Bronze.

18-Die Bewegung natürlicher Seiender beinhaltet keine Veränderung der Formen selbst, sondern eine Veränderung im selben natürlichen Seienden, das eine neue Form annimmt.

19-Die charakteristische Bewegung körperlicher Seiender zeichnet sich in der Aktivität lebender Seins aus, insbesondere im Wachstum. Dies ist ein Ausdruck des inneren Dynamismus der Form. Aus diesem Grund wird der Stagirite in *De generatione et corruptione* A-5, 321b 22-24 sagen, dass *das Wachstum aller Teile eines wachsenden Körpers und die Vereinigung von etwas mit dem wachsenden Körper gemäß der Form, aber nicht gemäß der Materie möglich sind.* Wachstum ist keine Zunahme durch die Nebeneinanderstellung von Teilen, sondern eine Zunahme, die die Form des Körpers bewahrt. Neue Teile werden proportional zum lebenden Sein hinzugefügt, gemäß einer bestimmten Ordnung. Es wächst aus der Form.

20- *Die Bewegungen, zahlreich und in unterschiedlicher Form, da das "von-woher" und "wohin" jedem seine Form verleiht (Nikomachische Ethik, K-4, 1174b 4-5. Vgl. auch Physik, E-5, 229a 25-27).* In der *Physik, T-2, 202A 9-11,* sagt Aristoteles: *Der Beweger trägt immer eine Form, (...) und die Form ist, wenn sie sich bewegt, der Ursprung und die Ursache der Bewegung..*

Die Aktualität und die Potenz treten in der Bewegung auf. Die klarste und konkreteste Manifestation der Unterscheidung von Akt und Potenz wird durch die Untersuchung der Bewegung erreicht.

Bewegung ist der Akt dessen, was in Potenz ist, nicht insofern es Form ist, sondern insofern es in Potenz ist.

*Wie auch immer die Bewegung konzipiert wird, wird sie immer, in Bezug auf ihre innere Essenz, das Fortschreiten eines Subjekts von einem Seinszustand zu einem anderen sein. In diesem Übergang ist das Subjekt bereits teilweise im Akt; sonst könnte es nicht von einem Seinszustand zu einem anderen übergehen, und teilweise ist es in Potenz, gerade weil es von einem Seinszustand zu einem anderen übergeht. Wenn diese Potenz nichts Reales ist, wird das Subjekt immer nur im Akt sein. Wenn es immer nur im Akt ist, wird es niemals im Zustand des Übergangs gefunden, und wenn dies der Fall ist, gibt es überhaupt keine Bewegung. Daher die berühmte Definition, oft bekämpft und nie widerlegt, die Aristoteles von der Bewegung gibt: "Actus entis in potentia quatenus in potentia". Bewegung ist ein fortschreitendes Werden dessen, was möglich ist. Sie ist an sich weder Akt noch Potenz, sondern teilweise Akt und teilweise Potenz und setzt daher notwendigerweise das potenzielle Sein voraus.*[48]

## 6. EINFÜHRUNG IN AKT UND POTENZ

*Die mächtige thomistische Synthese ruht in ihrer tiefsten Grundlage auf der aristotelischen Lehre von Akt und Potenz.*[49]

Die Unterscheidung des Seins (der Entität) in Akt und Potenz wurde von Aristoteles selbst entdeckt und von ihm auf festen Grundlagen etabliert. Der heilige Thomas setzte die Bemühungen in dieselbe Richtung fort und perfektionierte diese Lehre, die mit Recht als die Lehre vom real-möglichen Sein und real-wirksamen Sein (Gallus Manser) bezeichnet werden kann. Dies sind Vorstellungen oder Ideen, die von Erfahrung und gesundem Menschenverstand fest unterstützt werden.

Im Mittelalter im Allgemeinen und im 13. Jahrhundert im Besonderen war der heilige Thomas nicht der Einzige, der die Lehre von Akt und Potenz erfolgreich übernahm. Diese Lehre spielte auch in anderen scholastischen Werken eine wichtige Rolle, insbesondere in den Werken der großen Denker. Was jedoch Thomas von Aquin eigen ist, ist die Entwicklung und die vollständige logische und konsequente Entfaltung dieser Lehre, wobei er von ihrer wissenschaftlichen Reichhaltigkeit profitierte. Aus diesem Grund erkennen einige Autoren in dieser Lehre das Wesen und den zentralen Punkt des thomistischen Denkens.[50]

*H.A.S. Schankula hat in einem kurzen und prägnanten Artikel mit ausreichender Kraft gezeigt, dass es sehr wahrscheinlich ist, dass die Unterscheidung von Potenz und Akt von Aristoteles aus einigen geringfügigen, aber ausreichenden Anzeichen von Plato entwickelt wurde.*[51]

Dieser Autor zufolge stützte sich Aristoteles auf zwei Dialoge: den *Euthydemus* und den *Theaetetus*, in denen Plato zwischen dem Besitz von etwas und seiner Verwendung unterscheidet.

Laut Pater Pierre Aubenque in seinem Werk *Das Problem des Seins bei Aristoteles* wäre die Vorstellung von Akt und Potenz ohne die klassischen Aporien zur Bewegung nicht entstanden. Diese wären folgende: 1) Wie das

Sein aus dem Nicht-Sein entsteht. 2) Wie dasselbe Ding ein anderes werden kann. Das Problem des Ursprungs, das die Griechen so sehr beschäftigte, das Problem des Werdens, des Wachsens oder des Verwirklichens der eigenen Essenz.

*Akt und Potenz sind Begriffe des allgemeinen Gebrauchs in gesprochener oder schriftlicher Sprache. Sie sind keine ausschließlichen Begriffe einer bestimmten philosophischen Technizität, sondern Konzepte, die jeder aufgrund seines spontanen Wissens verwendet, um bestimmte Aspekte der Realität zu bezeichnen.*[52]

Aristoteles entwickelt die Lehre von Akt und Potenz im Buch IX seiner *Metaphysik*. In der *Physik* geht er davon aus, entwickelt sie aber nicht weiter.

In der *Metaphysik*, Buch VI, Kapitel 2, verknüpft Aristoteles Akt und Potenz mit dem Sein der Seienden:

*Da jedoch der einfache Ausdruck "Sein" in verschiedenen Bedeutungen verwendet wird, von denen wir gesehen haben, dass eine davon **akzidentel** ist und eine andere **wahr** ist (wobei "Nicht-Sein" im Sinne von "falsch" verwendet wird), und da es außerdem die Kategorien gibt, z.B. das "Was", Qualität, Quantität, Ort, Zeit und andere ähnliche Bedeutungen; und weiterhin neben all diesen das **Potenzielle** und das **Aktuelle**: Da der Ausdruck "Sein" verschiedene Bedeutungen hat, muss zunächst gesagt werden, dass es keine Spekulation darüber geben kann, was "akzidentel ist".*[53]

Aristoteles führt eine neue Perspektive in die Betrachtung der Entität als Entität ein: die Frage nach Potenz und Akt. Die Entität als Akt zu sehen, bedeutet, sie in einem statischen Sinne zu sehen. Die Entität als Potenz zu sehen, bedeutet, sie in einem dynamischen Sinne zu sehen. Im ersten Fall weiß ich, was die Entität jetzt ist, aber nicht, was sie werden kann. Im zweiten Fall entdecke ich ihre Potenziale, ihre Fähigkeiten.

Buch IX der *Metaphysik* ist vollständig der Lehre von Akt und Potenz gewidmet. Sie erscheint neben den Kategorien in der Rangfolge der ersten Teilungen der Entität. Aristoteles hatte diese Einteilung bereits in der Physik in Bezug auf die Bewegung verwendet. Von nun an wird er sie in ihrer universelleren Bedeutung studieren, das heißt, insofern sie auf alle Seienden (Entitäten) zutrifft, sowohl auf die unbeweglichen als auch auf die beweglichen.

Der gesunde Menschenverstand bietet die Bedeutung von Akt und Potenz, die *a posteriori* von der Metaphysik vertieft wird. In dieser Gedankenordnung bedeutet Akt in erster Linie Handlung. Und von den Handlungen ist die für uns am offensichtlichsten die Bewegung, weil sie mit dem Sinnlichen verbunden ist und unser intellektuelles Wissen immer in den Sinnen beginnt. **Das ist der Grund, warum die unmittelbarste Bedeutung des Wortes Akt die einer Handlung ist, die Bewegung impliziert.** Zum Beispiel: Die Handlungen des Menschen erhalten den Namen menschlicher Handlungen; die Teile, in die eine theatralische Handlung unterteilt ist, werden als Akte bezeichnet, usw. Ähnliches geschieht mit Potenz. **Zuerst wird es als Synonym für Macht, die Fähigkeit zur Handlung, verwendet.** Es wird ständig im mündlichen oder schriftlichen Ausdruck verwendet: eine potente Waffe, die von einem Motor erzeugte Potenz, usw. Akt und Potenz erschöpfen jedoch nicht ihre Bedeutung, indem sie jeweils Handlung und Macht bezeichnen. Daher sagen wir, dass ihre erste Bedeutung diese ist, aber wir werden sehen, dass sie metaphysisch eine viel tiefere Bedeutung erhalten.[54]

Die aristotelische Lösung des Problems des sich verändernden Seienden (=Entität) wird traditionell als eine mittlere Position zwischen den extremen Lehren des Eleatismus und des Heraklitismus dargestellt.

*Zwischen Sein und Nichtsein konnte Parmenides keine Alternative finden; das Ergebnis war die Leugnung der Realität von Veränderung oder Werden. Seine Argumentation in diesem Punkt ist einfach und entscheidend (unter Berücksichtigung seiner Prämisse). Sein, so protestierte er, kann nicht aus Sein entstehen, das bereits ist; mit anderen*

*Worten, was ist, kann nicht das werden, was es bereits ist. Es kann auch nicht aus dem Nichtsein entstehen, das seiner Meinung nach nichts sein muss. Und das ist natürlich wahr; wo nichts ist, kann nichts entstehen. Folglich, wenn das Sein nicht aus dem Sein noch aus dem Nichtsein entstehen kann, kann es überhaupt nicht werden. Ergebnis: Es gibt kein Werden, es gibt nur Sein. Dieser extremen Position stellt sich der traditionelle Heraklit mit einer anderen entgegen, dass die Veränderung nicht nur real, sondern (nach allem Anschein) die einzige Realität ist; denn hinter dem unaufhörlichen Fluss der Erscheinungen ist keine bleibende Prinzip oder Wirklichkeit zu finden. Daher ist alles im Werden, und das Sein an sich existiert nicht. Aber wenn das Sein verneint wird und nur das Werden bejaht wird, scheint sogar das Werden ausgeschlossen zu sein; denn welche mögliche Bedeutung hat ein Werden, das nicht zu etwas wird, zu einem Sein?*[55]

Für Aristoteles gibt es zwischen dem Sein in einem abgeschlossenen Zustand, dem Sein im Akt, und dem reinen Nichtsein eine Art Zwischenzustand: das Sein in Potenz.

*Das Sein (die Entität) wird in Potenz und Akt unterteilt, das heißt, in jeder Art ihrer Realisierungen kann es unter zwei Formen gefunden werden: der aktuell oder erworbenen Form und der potenziellen oder virtuellen Form.*[56]

Die Thomistische These I bekräftigt, was gesagt wurde:

*Potenz und Akt teilen das Seiende so ein, dass alles, was ist, entweder reiner Akt ist oder notwendig aus Potenz und Akt als den ersten und inneren Prinzipien zusammenwächst.*

Der reine Akt ist Gott. Und nur Er. Außerhalb Gottes gibt es in jeder Entität ein potenzielles Element, das unbegrenzt vollkommener durch den Akt wird.

Potenz und Akt sind die ersten notwendigen und konstitutiven Elemente jeder Entität. Sie sind die universellsten und am meisten intrinsischen

Prinzipien des Subjekts. Dies ist die erste und radikalste Aufteilung der Entität: Potenz als Gattung, das bestimmende Prinzip; Akt als Unterschied, das bestimmte Prinzip. Die Zusammensetzung von Potenz und Akt ist in allen Kategorien gemeinsam: Das substantielle Sein besteht notwendigerweise aus substantieller Potenz und substantiellem Akt, und das akzidentelle Sein ist ebenfalls eine notwendige Verbindung aus akzidenteller Potenz und akzidentellem Akt. Potenz als das Prinzip oder den Umriss und Akt als den Begriff oder die Ergänzung, müssen sie sich gegenseitig anpassen und anpassen, bis sie sich eng vereinen und die Bildung eines einzigen Ganzen abschließen. Eine Anpassung ist unmöglich, wenn beide verschiedenen Ordnungen angehören: Eine substantielle Potenz kann nur durch einen Akt ergänzt werden, der ihrer würdig ist oder substantiell ist.[57]

Das Sein in Potenz gehört bereits zur Realität, ist aber noch nicht vollständig verwirklicht.

Thomistische These II lehrt:

*Der Akt wird als Vollkommenheit nur durch die Potenz begrenzt, die die Fähigkeit zur Vollkommenheit ist. Daher existiert der Akt in der Ordnung, in der er rein ist, nur als unbegrenzter und einziger; wo er aber begrenzt und vielfältig ist, gerät er in eine wahre Zusammensetzung mit der Potenz.*

Der Akt bedeutet als solcher nur Vollkommenheit, das heißt: Verwirklichung der Natur des betreffenden Seienden. Diese Vollkommenheit ist nur im reinen Akt oder Gott vollständig. In den anderen Seienden ist sie nicht vollständig; es ist eine Sehnsucht nach Vollständigkeit. Eine solche Sehnsucht wird von der Potenz erfüllt, die die Fähigkeit zur Vollkommenheit ist.

Aristoteles erklärt daher die Veränderung damit, dass es der Übergang vom Seienden in Potenz zum Seienden im Akt ist. Akt und Potenz setzen immer Bewegung voraus. Dies ist die Realität des Werdens und des Seins in Bewegung.

*Angenommen (um zu veranschaulichen), ein Bildhauer entscheidet sich für eine Statue. Er wählt einen Marmorblock und schnitzt ihn zu seinem Motiv. Metaphysisch gesehen, was hat stattgefunden? Wenn die Statue fertig ist, existiert sie im Akt. Aber wo war sie, bevor der Bildhauer den Meißel an den Marmor legte? Offensichtlich existierte sie nicht im Akt, aber existierte sie überhaupt in irgendeiner Weise? Wenn Sie sagen: nein, hatte sie überhaupt keine Realität, dann wird die Herstellung der Statue unverständlich und unerklärlich -ein Entstehen aus absolutem Nichts, was auf den ersten Blick absurd ist. Tatsächlich könnte sich der Bildhauer nicht daran machen, es sei denn, es stand ihm ein geeignetes Material zur Verfügung, der Marmor, aus dem er die Statue gewissermaßen herausarbeitete. Nochmals, die Statue existierte nicht im Akt im nackten Marmor, aber sie konnte gehauen werden, weil sie in Potenz da war. In der Herstellung ging sie von einer Statue in Potenz zu einer Statue im Akt über.*[58]

Das Beispiel der Statue wird von Aristoteles zu verschiedenen Anlässen wiederholt. Die Konfiguration der Statue wäre die Form, im Gegensatz zur Materie der Sache. Das, was konfiguriert wird, wäre der Inhalt (die undifferenzierte Materie), und das, was konfiguriert (die differenzierende Form), wäre der Container.

*Potenz und Akt werden durch ihre gegenseitigen Beziehungen definiert und erklärt. Potenz ist wie eine Fähigkeit, ein Anfang; Akt ist die Ergänzung. Potenz ist alles, was Entwicklung und Vollkommenheit beansprucht; Akt ist die Vollkommenheit, die ihm gegeben wird.*[59]

Akt ist der Potenz voraus. Potenz ist im Akt "gepflanzt" und ist in keiner Weise oder in irgendeinem Grad sein Gegenteil.[60] Daher lehrte der heilige Thomas in *Summa Theologica* I, q.3, a.1, dass:

*Actus simpliciter prior est potentia*

Das bedeutet: Der Akt ist absolut vor der Potenz.

Mit anderen Worten: Der Akt ist zuerst, überlegen, vorher und Ursache in Bezug auf die Potenz.

Die Potenz steht im Zusammenhang mit dem Akt, ist aber nicht identisch mit ihm.

*Potenz und Akt sind bei Aristoteles reale Sinne des Seins, das heißt, sie sind Prinzipien der Realität. Möglichkeit hingegen befindet sich auf der Ebene des mentalen Seins: Möglich ist das, was wir in unserer Rede als Potenz haben und dessen Erscheinen keine Widersprüche hervorruft. Die Möglichkeit ist daher nicht wesentlich mit der faktischen Verwirklichung verbunden. Daher kann Aristoteles annehmen, dass existiert, was nicht existiert, aber möglich ist.*[61]

Potenz und Akt befinden sich auf der realen Ebene. Das Mögliche und das Unmögliche befinden sich auf der Ebene der Rede. In der Realität finden wir weder das Mögliche noch das Unmögliche, sondern Akt und Potenz. Die Anwesenheit oder Abwesenheit von Potenz ermöglicht es uns, von etwas zu sprechen - einem Akt -, der in der Realität auftreten kann, auch wenn er jetzt nicht auftritt. Aus diesem Grund können wir sagen, dass das Mögliche in der Potenz enthalten ist. Tatsächlich ist die Potenz die Quelle aller Möglichkeiten; aller Gegensätze (heilen-verletzen) und aller Widersprüche (gehen-nicht gehen). Zum Beispiel ermöglicht uns unsere Fortbewegungsfähigkeit zu gehen oder nicht zu gehen. Wenn dies nicht der Fall wäre, würden das Mögliche und das Notwendige identifiziert, und der Begriff der Potenz würde zerstört, da es nur Akte geben würde: Gehen zu können wäre immer zu gehen.[62]

Es gibt keinen metaphysischen Dualismus oder Manichäismus in diesem System.

*Im Gegenteil, dieses System ist darauf ausgelegt, den metaphysischen Monismus und den Immobilismus zu vermeiden, in die man notwendigerweise fällt, wenn man die Aufteilung des Seins in Potenz und*

*Akt leugnet. Wenn alles im Akt existiert, wird es kein Werden mehr geben, auf jeden Fall das Werden, das zu dem gehört, was ist; Man befindet sich in der Falle des einheitlichen und "immobilisierenden" Sophismus der eleatischen Schule: Was ist, wird nicht; Was wird, existiert nicht; man muss zwischen ewiger Einheit oder Vielfalt wählen.*[63]

Was wir im Wesentlichen verstehen, ist die Verbindung von Akt und Potenz. Das heißt, die konkrete Entität. Wir verstehen nicht Akt einerseits und Potenz andererseits. Unser Intellekt erfasst den Akt als Akt der Potenz und die Potenz in Bezug auf ihren Akt.

*"Aktualität" bedeutet die Anwesenheit der Sache, nicht im Sinne dessen, was wir mit "potenziell" meinen. Wir sagen, dass etwas potenziell vorhanden ist, wie Hermes im Holz oder die Halbzeile im Ganzen, weil es von ihm getrennt werden kann; und wie wir selbst jemanden, der nicht studiert, als "Gelehrten" bezeichnen, wenn er fähig ist zu studieren. Das, was in entgegengesetztem Sinne zu diesem vorhanden ist, ist tatsächlich vorhanden. Was wir meinen, kann anhand der einzelnen Fälle durch Induktion deutlich gesehen werden. Wir müssen nicht für jeden Begriff eine Definition suchen, sondern müssen die Analogie begreifen: So wie das, was gerade baut, im Verhältnis zu dem, was baufähig ist, steht, so steht das, was wach ist, im Verhältnis zu dem, was schläft, und das, was sieht, im Verhältnis zu dem, dessen Augen geschlossen sind, aber die Sehkraft hat, und das, was aus der Materie differenziert ist, zur Materie, und das fertige Produkt zum Rohmaterial. Lassen Sie Aktualität durch eines dieser Gegensatzpaare definieren und Potenz durch das andere.*[64]

### Aristotelische Verteidigung von Akt und Potenz[65]

Die Schule der Megariker (ca. 400-ca. 300 v. Chr.), gegründet von Euklid von Megara, einem Freund von Sokrates, ist eine der sogenannten sokratischen Schulen. Zu seiner Denkweise gehört die metaphysische Idee: Man kann nur von Sein als aktuellem Sein sprechen; vom Potenziellen (oder Zukünftigen) kann nichts ausgesagt werden. Diese Idee steht im Zusammenhang mit seinen Argumenten gegen Bewegung und Generation.

*Unter den Megarikern erwähnen wir den Gründer Euklid von Megara, einen Freund von Sokrates; seinen Schüler Ichthyas, dessen Werke und Lehren nicht erhalten geblieben sind; Eubulides von Milet; seinen Schüler Philo von Megara; Stilpo von Megara, Lehrer von Zenon von Zitium, dem Gründer der stoischen Schule, und Bryson, der anscheinend der Lehrer von Pyrrho war und megarische Einflüsse auf den Skeptizismus übertrug.*[66]

Nur im Buch IX der *Metaphysik*, Kapitel 3, bezieht sich Aristoteles auf die Schule der Megariker. In diesem Sinne verlässt er sich auf die Erfahrung. Seine Gegner verlassen sich auf strenge Logik, die der Erfahrung fremd ist. Aristoteles verwendet die Logik insofern, als sie sich auf ontologische Realität bezieht.

Er schlägt vor, dass sich die Megariker unter denen hervortun, die behaupten, Potenz und Akt seien dasselbe, dass es Potenz nur gibt, wenn es Akt gibt, und dass es keine Potenz gibt, wenn es keinen Akt gibt. *(...) die sagen, dass etwas nur Potenz hat, wenn es funktioniert, und dass es keine Potenz hat, wenn es nicht funktioniert. Zum Beispiel sagen sie, dass ein Mann, der nicht baut, nicht bauen kann, sondern nur der Mann, der gerade baut, und genau in dem Moment, in dem er baut; und ähnlich in anderen Fällen.* (Vgl. *Metaphysik*, IX 3, 1046b 29-32 und 1047a 17-24). Nachdem er die Absurditäten dargelegt hat, die sich aus dieser Position ergeben, kommt Aristoteles mit den im negativen Widerspruch gewonnenen Beweisen zu dem Schluss, dass Potenz und Akt unterschiedliche Dinge sind, und fügt hinzu, dass sie zu verwirren bedeutet, "etwas Wichtiges" zu eliminieren. Er wird jedoch nicht konkret erklären, was dieses "wichtige Etwas" ist.

## Reale Unterscheidung zwischen Akt und Potenz - Wesen und Existenz

Zwischen Akt und Potenz besteht eine reale Unterscheidung. Alle effektive Zusammensetzung in der geschaffenen Entität beruht auf Akt und Potenz, denn ohne sie ist keine Vielfalt oder Vielheit möglich. Der heilige

Thomas behauptet, dass es auch zwischen Wesen und Existenz eine reale Unterscheidung gibt.

Diese Lehre von der realen Unterscheidung, angewandt auf das Wesen-Existenz-Dupla, stieß auf starke Gegner, angefangen von Averroes bis zu Suarez, über Sigerius von Brabant, Heinrich von Gent, Ockhamismus und späterem lateinischen Averroismus.

Wenn man die reale Unterscheidung auf Gott und die Geschöpfe in Bezug auf das Wesen-Existenz-Dupla anwendet, als konstitutive Prinzipien der Entität, kann man es in Betracht ziehen:

1-Gott ist *ens a se* (Seiende an sich selbst), *ens necessarium* (notwendige Seiende), *actus purus* (reiner Akt), absolutes Sein durch seine eigene Essenz und kann keine Existenz von einem anderen erhalten. Er ist keine Entität. In ihm sind Wesen und Existenz nicht wirklich verschieden. Sie sind identisch. Gott schließt jede Potenz aus.

2-Ganz anders ist es bei den Geschöpfen. In diesem Fall besteht eine reale Unterscheidung zwischen dem aktualisierten Wesen und der Existenz, die es aktualisiert, weil:

2.1-Die aktualisierte Wesen Existenz von einem anderen erhalten hat. Es gibt eine effiziente Ursache, die die Existenz des Wesens erklärt; die die Aufnahme des esse durch das Wesen erklärt. Es hat Sein, aber es ist nicht Sein, wie Gott es ist. Das Wesen ist nur als Empfänger der Existenz im Besitz. Die Existenz ist das, was im Besitz ist oder empfangen wird. Nun: Der Besitzer und Empfänger stehen im Verhältnis zum Besessenen und Empfangenen wie der Akt zur Potenz. Existenz (oder Akt des Seins) steht zur Wesen im Verhältnis wie Potenz zum Akt.

2.2-*Nur auf diese Weise kann das Geschöpf als "ens contingens"* (kontingentes Seiende) *im Gegensatz zu Gott als "ens necessarium"* (notwendiges Seiende) *gegründet werden. Auch die durch Existenz aktualisierte Essenz ist ein "ens contingens", das trotz des Aktes und während des Aktes, den dieses kontingente Sein besitzt, von ihrer Natur her nicht kann sie gleichzeitig nicht sein, denn, wenn nicht, wäre es seinerseits ein "ens necessarium". Daher besitzt es zur gleichen Zeit, in der es den Akt besitzt, auch das passive Vermögen, nicht zu sein, und ist folglich notwendigerweise aus Akt und Potenz zusammengesetzt.*

2.3-Was mit Wesen-Existenz geschieht, ist dasselbe wie mit dem Dupla Materie-Form oder dem Dupla Akt-Potenz: Das Paar Wesen-Existenz ist nicht trennbar, obwohl Wesen und Existenz wirklich unterschieden sind, zwei verschiedene Realitäten, die zusammen mit Akt-Potenz und Materie-Form die Sache bilden. Sie sind nicht zwei Dinge: Sie sind zwei konstitutive Prinzipien der Sache (Entität), die einander und in Bezug auf sie ununterscheidbar sind.

3-Seit Boethius verwendete die berühmte Formel *quod est* und *quo est*: Das aktualisierte Wesen ist tatsächlich das, was es ist, *id quod est*, und Existenz, durch die das Wesen aktualisiert wird, *quo est*.

4-Besondere Aufmerksamkeit sollte der menschlichen Seele und den Engeln gewidmet werden. Beide sind einfache Formen. Es gibt keine Zusammensetzung aus Materie und Form. Sie sind absolut immateriell. In ihnen ist die Form die Essenz. Es gibt jedoch eine Zusammensetzung aus Akt und Potenz; von Wesen und Existenz. Beide haben ein empfangenes Sein. *Aber da sie geschaffen sind und nicht so einfach wie Gott, sind sie immer potenziell für die Existenz und bestehen daher auch aus Akt und Potenz.* Sie sind Formen, aber keine reinen Akte, wie Gott. *Was bei Sankt Thomas der realen Unterscheidung zwischen Wesen und Existenz eine eminente metaphysische Qualität verleiht, ist das Prinzip: Wesen und Existenz teilen das Sein als solches, dividunt ens commune (teilen das gemeinsame Seiende). Daher gehört die reale Unterscheidung nach ihm zum absolut metaphysischen Bereich.*

# 7. DIE POTENZ

*Die Potenz ist ein metaphysisches Prinzip, das ein Seiende konstituiert und als solches auch das Prinzip der Bewegung und Veränderung von Seienden ist. Die Begriffe Akt und Potenz werden, wie wir bereits gesehen haben, bei der Beobachtung von Veränderungen entdeckt; daher beziehen sich die Beschreibungen, die Sankt Thomas von der Potenz macht, mehr als alles andere auf die Bewegung. Aber die Potenz ist nicht einfach nur ein Prinzip der Bewegung, sondern ein Prinzip des endlichen Seienden.*[67]

Im Buch V der *Metaphysik* kommt Aristoteles der Definition der Potenz nahe:

*"Potenz" bedeutet (a) die Quelle der Bewegung oder Veränderung, die in etwas anderem als dem veränderten Ding liegt oder in ihm als etwas anderes. Zum Beispiel ist die Wissenschaft des Bauens eine Potenz, die nicht im gebauten Ding vorhanden ist; aber die Wissenschaft der Medizin, die eine Potenz ist, kann im Patienten vorhanden sein, wenn auch nicht als Patient. Somit bedeutet "Potenz" im Allgemeinen die Quelle der Veränderung oder Bewegung in einem anderen Ding oder im selben Ding als etwas anderes; oder die Quelle dafür, dass ein Ding von einem anderen Ding bewegt oder verändert wird oder von sich selbst als etwas anderes (denn aufgrund des Prinzips, durch das das passive Ding in irgendeiner Weise beeinflusst wird, nennen wir es fähig, beeinflusst zu werden; manchmal, wenn es überhaupt beeinflusst wird, und manchmal nicht in Bezug auf jede Beeinflussung, sondern nur, wenn es sich zum Besseren ändert). (b) Die Fähigkeit, dies gut oder gemäß der Absicht auszuführen; Manchmal sagen wir natürlich, dass diejenigen, die nur sprechen oder gehen, ohne es perfekt zu tun, nicht in der Lage sind zu sprechen oder zu gehen, wie sie es möchten. Und ähnlich ist es im Fall des Leidens. (c) Alle Zustände, aufgrund derer Dinge im Allgemeinen unberührt bleiben oder unveränderlich sind oder nicht leicht verschlechtern können, werden "Potenzen" genannt. Denn Dinge werden nicht durch Potenz, sondern durch Unvermögen und Mangel irgendeiner Art zerbrochen, abgenutzt und verbogen und im Allgemeinen zerstört; und Dinge sind von solchen Prozessen unberührt, die kaum oder leicht beeinflusst werden, weil sie eine Potenz haben und potent sind und sich in einem bestimmten Zustand*

*befinden.*[68]

Diese Begriffe, obwohl scheinbar unverbunden oder für unseren Zweck etwas verwirrend, haben etwas gemeinsam: Sie haben alle mit Bewegung und Veränderung zu tun. Er fügt sofort hinzu:

*Dies sind die Bedeutungen von "potent", die nicht mit "Potenz" übereinstimmen. Diejenigen, die damit übereinstimmen, beziehen sich alle auf die erste Bedeutung, d.h. "eine Quelle der Veränderung, die in etwas anderem als dem liegt, in dem die Veränderung stattfindet, oder im selben Ding als etwas anderes".*[69]

Schließlich synthetisiert er all das Obige und kommt zu der wichtigsten Schlussfolgerung für unseren Zweck:

*Somit wird die maßgebliche Definition von "Potenz" im primären Sinn sein: "ein Prinzip, das Veränderung hervorbringt, das in etwas anderem als dem liegt, in dem die Veränderung stattfindet, oder im selben Ding als etwas anderes."*[70]

In den ersten beiden Kapiteln des Buches IX der *Metaphysik*, Aristoteles charakterisiert die Potenz als diejenige Realität der Sein die den Akt ermöglicht, sei es, wenn sie diese hervorbringt (Potenz der Tätigkeit) oder wenn sie sie empfängt (Potenz des Leidens).

Die Potenz ist ein analoger Begriff. Es ist, wie wir gerade gesehen haben, schwer zu definieren, aber leicht durch Beispiele zu erfassen, indem man sie von dem unterscheidet, was sie nicht ist.

*Die Potenz bestimmt den Begriff des Akts, denn der Begriff des Akts -wie alles, was unser Verstand erfasst- stammt aus der Beobachtung von Seienden, und die Seienden des Universums sind Geschöpfe Gottes und daher endlich: Ihre Aktualität ist nicht vollständig, sie wird durch eine Potenz begrenzt.*[71]

Es ist notwendig, die Potenz von der Möglichkeit zu unterscheiden.

*Eine vollständige Verzerrung des aristotelischen Denkens wäre die Beseitigung oder Reduzierung der Potenz zugunsten eines anderen Konzepts oder einer anderen Realität. Unter den verschiedenen reduktionistischen Interpretationen des Denkens des Stagiriten gibt es eine, die im Laufe der Geschichte wiederholt aufgetaucht ist und sich trotz der ausdrücklichen Ablehnung von Aristoteles nicht verwerfen lässt. Ich spreche von der Reduzierung der Potenz als Möglichkeit. Die Möglichkeit, die wesentlich mit Faktizität, bloßer zeitlicher Verwirklichung verbunden ist und aus diesem Grund als Wirklichkeiten oder Akte präsentiert wird, die noch nicht sind, aber sein werden.[72]*

Es sind die Kapitel 3 und 4 von Buch IX der *Metaphysik*, in denen Aristoteles die Begriffe des Möglichen und Unmöglichen einführt. Beide unterscheiden sich von Potenz und Unfähigkeit, hängen jedoch von ihnen ab. Er charakterisiert das Unmögliche als *das, dem die Potenz fehlt*; das heißt, dem in der Realität keine Potenz entspricht, aus der es entsteht. *Etwas ist möglich, wenn durch das Vorhandensein des Akts dessen, was gesagt wird, Potenz zu haben, nichts Unmögliches entsteht.* Die beiden Elemente, die das Mögliche charakterisieren, sind 1-Potenz zu haben, aus der oder in der in den Akt übergegangen werden kann. 2-Dass dieser Akt nicht im Widerspruch zum Existierenden steht, das heißt, dass es nichts gibt, das ihn verhindert. Ein Beispiel, das von Aristoteles angeboten wird: Es ist möglich, dass aus diesem Samen ein Baum entsteht, wenn nichts es verhindert. Was eine Potenz verlangt, ist ihre Verwirklichung. Die Hindernisse sind etwas Umständliches, nicht Wesentliches für die Potenz.[73]

Das Seiende in Potenz und das mögliche Seiende sind beide auf die Existenz ausgerichtet: sie können existieren. Aber tatsächlich existiert keines von ihnen momentan. Das mögliche Seiende hat eine Realität als Gedankenobjekt, als reine geistige Realität, im Geist dessen, der es konzipiert, und grundlegend in der göttlichen Intelligenz. Das mögliche Seiende ist daher das, was, ohne Widerspruch zu beinhalten, sich in einem Zustand befindet, in dem es durch Potenz aktualisiert wird. Das Seiende in

Potenz hingegen gehört zur außermenschlichen Realität. Es existiert in der Realität eines konkreten Seienden, aber als Projekt. Das Seiende in Potenz darf nicht so vorgestellt werden, als ob es auf verborgene Weise im Akt, der ihm entspricht, eingeschlossen ist: Das Potenzielle ist nicht das Implizite.

Der Begriff **möglich** hat zwei metaphysische Bedeutungen:[74]

**1-Möglich als das Gegenteil von Notwendig**. Diese erste Bedeutung ist identisch mit der des Kontingenten und daher nicht die eigentliche Bedeutung. Nach dieser Bedeutung bezeichnen wir Dinge als möglich, die sein können oder nicht sein können.

**2-Möglich im Gegensatz zu Unmöglich**. Das ist sein strenger Sinn. Es sollte beachtet werden, dass etwas möglich ist:

**2.1-An sich selbst**. In sich selbst und in absoluter Weise ist alles möglich, das die Vernunft des Seins hat. Das Widersprüchliche ist an sich und in absoluter Weise unmöglich, da die gleichzeitige Bejahung und Verneinung derselben Sache keinen Grund des Seins oder des Nicht-Seins haben kann. Diese Art von Möglichkeit, die auf der Realität des Seins und dem Prinzip des Widerspruchs beruht, entspricht in der Logik der sogenannten logischen Möglichkeit, bei der das Prädikat dem Subjekt nicht widerspricht.

*Logisch oder innerlich möglich ist alles, was keinen internen logischen Widerspruch enthält, das heißt, was als Seiende gedacht werden kann, während sein Gegenteil nicht einmal gedacht werden kann und daher notwendigerweise falsch sein muss.*[75]

Diese Art von **Möglichkeit an sich selbst** kann nur das Objekt der göttlichen Allmacht sein. Niemals eines endlichen geschaffenen Seienden. Nur Gott kann etwas möglich machen, ohne dass eine korrelative passive Potenz vorhanden ist. Gott hat die Welt geschaffen, ohne dass ihm seitens der Welt eine passive Potenz vorausgeht. Er schuf sie aus dem Nichts.

**2.2-Gemäß einer aktiven oder passiven Potenz.** In diesem Fall ist etwas möglich, je nachdem, ob man die reale Fähigkeit besitzt, einen bestimmten Akt oder eine Vollkommenheit zu empfangen oder auszuüben.

Die Verwirrung von Akt-Potenz mit Möglichkeit-Verwirklichung kommt daher, dass Potenz als etwas rein Logisches verstanden wird und Akt als das Ergebnis des Besitzes des Akts. Akt und Potenz sind konstitutive Prinzipien des endlichen körperlichen Seienden und des spirituellen Seienden. Es gibt keine Substanz ohne diese Prinzipien. Sie sind reale Prinzipien, nicht nur logische. Es gibt keine Realität ohne Akt und Potenz.

*Wir müssen darauf achten, die hier als Potenz des Seins bezeichnete Potenz nicht mit einer reinen und einfachen logischen Möglichkeit zu verwechseln. Die logische Möglichkeit ist das, was keinen Widerspruch impliziert: eine wirklich negative Bedingung; und das Sein in Potenz umfasst eine Dosis Realität, die trotz ihrer Unvollkommenheit nicht weniger positiv ist.*[76]

Potenz kann positiv erfasst werden, indem man sie analog in bestimmten Fällen begreift. Die Statue ist in Potenz im noch nicht bearbeiteten Marmor; die Intelligenz ist in Potenz, solange sie nicht effektiv denkt, und so weiter. In allen Fällen ist das Gemeinsame im Zustand der Potenz, auf den Akt ausgerichtet zu sein:

*Potentia dicitur ad actum*[77]

Diese Formel drückt das Tiefste in der Vorstellung der Potenz aus. Wir können sagen, dass es sich um eine Beziehung von einem Zustand der Unvollkommenheit (Potenz) zu einem Zustand der Vollkommenheit (Akt) handelt. Die fertige Statue ist perfekt; im Marmorblock existierte sie nur in einem unvollkommenen Zustand.

Wer Potenz sagt, sagt notwendigerweise Unvollkommenheit. Bereitschaft zur Handlung und Unvollkommenheit sind die beiden gemeinsamen Merkmale aller Potenz.

Aristoteles geht in *Metaphysik* Buch IX, wie gewohnt, von einer analogen Anordnung des Begriffs der Potenz um eine seiner grundlegenden Bedeutungen aus: die der **aktiven Potenz**, nämlich die Potenz zur Veränderung eines anderen Dings, soweit es solches ist. Dieses Konzept bezieht sich auf die **passive Potenz**, nämlich die Potenz, die bewirkt, dass ein Ding von einem anderen Ding so verändert wird, wie es ein anderes ist.

Dann unterscheidet er zwischen **rationalen Potenzen** und **nicht-rationalen Potenzen**.

Unter Berücksichtigung der oben genannten aristotelischen Beiträge und der anschließenden Entwicklung durch die Scholastik klassifizieren Thomistische Autoren die Potenz in der Regel wie folgt:

| |
|---|
| 1.Die Potenz im eigentlichen Sinne oder die subjektive Potenz |
| 2.Die mögliche oder objektive Potenz |

Die **subjektive Potenz** ist unterteilt in:

1-**Aktive Potenz**. Sie bezieht sich auf das Prinzip der Aktivität im Agenten, das das Seiende ins Existenz bringt. Sie kann sein:

1.1-Unerschaffen

1.2-Erschaffen. Die wiederum unterteilt ist in:

1.2.1-Rationale. Sie ist immanent dem Agenten.

1.2.2-Nicht-rationale. Sie stammt aus einer transeunten Handlung.

2-**Passive Potenz**. Es ist die Fähigkeit einer Sache, von einem anderen

Agenten verändert zu werden. Es ist die passive Potenz (Patient), die durch die Aktivität des Agenten entsteht. Die passive Potenz, als ein Prinzip der erschaffenen Seienden, ist ein intrinsisches Prinzip der Sache. Es ist eigen, dass die passive Potenz eine Rolle als Träger des Akts spielt. Die Potenz steht unter *(substare)* dem Akt.

*Das Haus könnte, bevor es gebaut wurde, gebaut werden: es hätte an sich selbst gebaut werden können, aufgrund der Empfänglichkeit seiner Materie und aufgrund der Eignung der verwendeten Materialien; und es hätte auch aufgrund des Bauherren gebaut werden können, der seine Materialien verwendet hat, um seine Idee zu verwirklichen. Und so geschieht es in allem.*[78]

Die **passive Potenz** ist wiederum unterteilt:

**Hinsichtlich des Agent:**

2.1-Natürliche. Sie bezieht sich auf einen unmittelbar zur Potenz proportionierten Agent.

2.2-Gehorsam. Sie bezieht sich auf einen transzendenten Agent. Insbesondere die göttliche Potenz.

**Hinsichtlich des Akts:**

2.3-Passive Potenz in Bezug auf einen wesentlichen Akt (substantielle Form).

2.4-Passive Potenz in Bezug auf einen akzidentellen Akt (akzidentelle Form).

Die Fähigkeit, die substantielle Form zu empfangen, ist die Fähigkeit, den ersten Akt zu empfangen und ist daher die einzige, die nichts voraussetzt. Jede andere Fähigkeit oder Potenz einer akzidentellen Form, eines Akts des Seins, einer Operation, setzt bereits die substantielle Form voraus. **Die Potenz zur Aufnahme der substantiellen Form ist reine Potenz und wird als Urmaterie bezeichnet**. Es ist Potenz in seiner eigentlichen Essenz, gemäß dem heiligen Thomas. Wer irgendeinen Grad an Aktualität der Urmaterie zuspricht, weicht von der thomistischen Metaphysik ab.[79]

Das potenzielle Seiende ist noch nicht an sich selbst. Andernfalls wäre es bereits ein Akt.

Das potenzielle Seiende kann sein oder nicht sein. In Bezug auf den Akt ist das Seiende immer noch ein Nicht-Sein. Es kann jedoch nicht behauptet werden, dass es nichts ist, da es sich in Bezug auf seine Disposition in einem anderen befindet. Unter Berücksichtigung seiner aktuellen Fähigkeit ist das Seiende bereits so beschaffen, dass es, ohne äußere Hindernisse, werden kann. Dies ist die Fähigkeit, die wir passive Potenz nennen.

St. Thomas nennt die passive Potenz das *Principium patiendi ab alio*.[80] Diese Definition enthält drei wichtige Elemente:[81]

1-*Principium*. Es handelt sich um eine Eignung, Fähigkeit oder Disposition für eine neue Art des Seins. Zum Beispiel entdecken wir in Marmor die Disposition für eine Statue, eine Disposition, die im Wasser nicht gegeben ist. Diese Disposition kann sich auf Mutation im Allgemeinen oder auf eine bestimmte Mutation beziehen; auf einen vollkommeneren Zustand des Seins oder auf einen verschlechterten Zustand des Seins; sie kann auf eine akkidentelle, lokale, quantitative oder qualitative Mutation ausgerichtet sein oder auf die Mutation des Subjekts selbst. Wir sollten bedenken, dass jede substantielle Veränderung die Urmaterie als passive Potenz aller körperlichen Mutationen hat. Zwei Elemente sind grundlegend für diese passive Potenz:

a-**Das Werden eines Seienden setzt voraus, dass es noch nicht das ist, was es werden wird**. Das heißt: Es setzt die Privation des Akts, der Form dessen voraus, was wird.. Sankt Thomas nannte diesen negativen Teil der passiven Potenz *carentia formae in eo quod est in potentia ad formam*.[82]

Aristoteles lehrte in I *Physik* 9, II, 259, 18, dass das, was wird, aus Mangel, aus der Privation des Seins in sich selbst, wird.

b-**Obwohl das mögliche Seiende noch nicht das ist, was es werden kann**, ist es bereits in Bezug auf die Eignung in der passiven Potenz, das heißt, das Seiende ist ein Anfang dessen, was werden kann. Aus diesem Grund nennt es Sankt Thomas *Principium*.

2-*Patiendi*. Leiden und passiv sein bedeutet in der Aristotelischen Philosophie die Fähigkeit, von einem anderen nicht nur Aktivitäten, sondern auch neue Arten des Seins zu empfangen, sowohl akzidentell als auch substantiell. Jedes werdende Seiende, sei es Substanz oder Akzidens, ist hier ein passives Seiendes, das empfängt und von einem anderen das Sein und das aktive Sein hat. Es bedeutet auch, dass das Seiende nicht nur dazu befähigt ist, Vollkommenheit zu empfangen, sondern auch dazu, eine bereits besessene zu verlieren, z.B. krank zu werden, zu sterben, zu vergehen.

3-**Der Beweger und das Bewegte**. Hier haben wir es mit folgendem Fall zu tun: Entweder handelt es sich um zwei verschiedene Subjekte, und dann kommt das Bewegte von einem anderen; oder sie sind beide im selben Subjekt, wie es bei der eigenen Bewegung der Fall ist, bei der dasselbe Subjekt aktiv und passiv ist. Aber auch in diesem Fall kann der bewegende Teil des Subjekts nicht mit dem bewegten identifiziert werden, da letzteres als *ens potentiale* (potenzielles Seiende) ein Nicht-Sein ist, während ersteres als Beweger ein Sein ist. Nun: Dasselbe kann nicht zur gleichen Zeit sein und nicht sein. Daher sagt Aristoteles, dass *das, was bewegt wird, von einem anderen bewegt wird, oder soweit es ein Anderes ist*.

Reine Potenz oder Urmaterie kann nicht ohne jede Form gegeben werden: Ihre Realität kommt genau von der Teilnahme am formalen Akt. Materie ohne Form zu machen, ist widersprüchlich und daher unmöglich. **Reine Potenz ist reine Passivität**. Keine Handlung geht von ihr aus. Sie ist die reine aufnehmende Fähigkeit von Formen. Die Urmaterie ist etwas völlig Unbestimmtes und daher in Potenz zu allen Formen. In ihrer geistigen Betrachtung ist sie von jeglicher Privation befreit; in ihrer realen Betrachtung steht sie immer unter einer Form, aber die Potenz und daher die Privation jeglicher anderer Formen bleibt erhalten. Das heißt: Sie ist in Potenz, alle Formen zu sein.

### Potenz und Privation

Potenz sollte nicht mit Privation verwechselt werden. In diesem Zusammenhang wird Privation in vielen Bedeutungen verwendet:

*Wir sprechen von "Privation": 1-In einem Sinne, wenn einem etwas fehlt, das man von Natur aus besitzt, auch wenn es derjenigen Sache, der es fehlt, von Natur aus nicht zusteht, sagt man in diesem Sinne, dass die Pflanze keine Augen hat. 2-Wenn eine Sache ein Attribut nicht besitzt, das sie oder ihr Genus natürlich besitzen würde. Zum Beispiel ist ein blinder Mann nicht in demselben Sinne "entbehrt" vom Sehen wie ein Maulwurf; letzteres ist "entbehrt" aufgrund seines Genus, ersterer aufgrund seiner selbst. 3-Wenn eine Sache ein Attribut nicht besitzt, das sie natürlich besitzen würde, und wenn sie es besitzen würde (denn Blindheit ist eine Form der Privation), aber ein Mensch ist nicht in jedem Alter blind, sondern nur, wenn er das Sehen im Alter nicht besitzt, in dem er es natürlich besitzen würde, und ebenso, wenn er ein Attribut in der Art und Weise und dem Organ und der Beziehung besitzt oder nicht besitzt, wie er es natürlich besitzen würde. 4-Das gewaltsame Entfernen von etwas wird als Privation bezeichnet.*[83]

Das heißt, in einem weiten Sinne ist Privation das Fehlen von etwas, wie Aristoteles in Buch IX, Kapitel 1 *ab initio* der *Metaphysik* bekräftigt. Im engeren Sinne ist es das Fehlen von Vollkommenheit, die von Natur aus zu einem Seienden gehört oder die ein Seiendes von Natur aus besitzen kann.

Privation ist also nicht Potenz. Aber das Subjekt der Privation ist das Seiende in Potenz: Das Fehlen von Vollkommenheit wird als Privation bezeichnet, solange das Subjekt in der Potenz war, sie zu besitzen. Im strengen Sinn betrachtet setzt es Potenz voraus, ist jedoch nicht mit ihr identisch. Privation bezieht sich nur auf das Nicht-Besitzen von dem, was besessen werden kann. Es umfasst nicht die positive Fähigkeit zu besitzen, die ausschließlich der Potenz eigen ist. Wenn die Potenz verwirklicht wird, verschwindet die Privation. Wenn die Privation auf die Potenz selbst bezogen ist, wird sie als Impotenz bezeichnet.

Aristoteles fügt in *Metaphysik*, Buch IX, Kapitel 7 noch einen weiteren Grund hinzu:

*Die "Privation" hat mehrere Bedeutungen: Sie wird angewandt 1-auf alles, was ein bestimmtes Attribut nicht besitzt; 2-auf das, was es naturgemäß besitzen würde, aber nicht tut; entweder (a) im Allgemeinen oder (b) wenn es es naturgemäß besitzen würde; und entweder (1) auf eine bestimmte Weise, zum Beispiel völlig, oder (2) auf irgendeine Weise überhaupt. Und in einigen Fällen, wenn Dinge, die naturgemäß ein gewisses Attribut besitzen würden, es aufgrund einer Einschränkung nicht besitzen, sagen wir, sie sind "entzogen".*

*Die "Impotenz" und "impotent" ist die Privation im Gegensatz zu einer solchen Potenz, so dass jede Potenz im selben Sinne und in Bezug auf dasselbe das Gegenteil einer Impotenz ist. Die "Privaton" wird ihrerseits in vielen Sinnzusammenhängen verwendet.*

### Das Ende der Potenz

Das Ende der Potenz ist die Aktualität. Die Form ist Aktualität, und die Aktualität ist das Ziel.

*(...) Denn alles, was erzeugt wird, strebt nach einem Prinzip, d.h. seinem Ziel. Denn das Objekt einer Sache ist ihr Prinzip, und die Generation hat als Objekt das Ziel. Und die Aktualität ist das Ziel, und es ist um dieses Ziel willen, dass die Potenz erworben wird; gewiss sehen Tiere nicht, um Sehen zu haben, sondern sie haben Sehen, um zu sehen. Ähnlich besitzen Menschen die Kunst des Bauens, damit sie bauen können, und die Macht*

*des Spekulierens, damit sie spekulieren können; sie spekulieren nicht, damit sie die Macht des Spekulierens haben, außer jene, die durch Übung lernen; und sie spekulieren nicht wirklich, sondern nur in eingeschränktem Sinne oder über ein Thema, über das sie keine Lust haben zu spekulieren.*[84]

Potenz ist die Fähigkeit zu einem Akt. Die Potenz hat keinen anderen Zweck als den, den Akt zu vollziehen.

Aristoteles lehrt auch in der Metaphysik, Buch IX, Kapitel 8, dass der Akt vor der Potenz steht: *Dass der Akt gewiss vor der Potenz und jedem Prinzip der Veränderung steht, ist evident.*

1-**Was die Vorstellung betrifft**: Die Vorstellung der Aktualität geht notwendigerweise der Vorstellung der Potenz voraus, und das Wissen um die Aktualität geht dem Wissen um die Potenz voraus. *Das heißt, keine Potenz kann ohne Bezugnahme auf die Vorstellung der Aktualität oder Aktivität, von der sie Potenz ist, bekannt oder definiert werden.*[85] Daher sagt Aristoteles, dass derjenige, der bauen kann, ein Baumeister ist, derjenige, der sehen kann, fähig ist zu sehen, und derjenige, der gesehen werden kann, ist sichtbar.

2-**In Bezug auf die Zeit**: Was aktuell ist, ist vorrangig, wenn es um dasselbe in Bezug auf die Spezies geht, aber nicht, wenn es um dasselbe Individuum geht. Aristoteles lehrt in Metaphysik Buch 9:

*Was ich meine, ist dies: dass die Materie und der Same und das Ding, das fähig ist zu sehen, das potenziell ein Mensch und Getreide und Sehen ist, aber noch nicht in Akt so ist, sind in Bezug auf den individuellen Menschen und das Getreide und das Sehen, die bereits in Akt existieren, zeitlich vorrangig. Aber zeitlich vor diesen potenziellen Entitäten gibt es andere Akt-Entitäten, aus denen die ersteren erzeugt werden; denn das Aktuell-Existierende wird immer aus dem potenziell Existierenden von etwas erzeugt, das bereits in Akt existiert, wie zum Beispiel der Mensch vom Menschen, das Kultivierte vom Kultivierten - es gibt immer einen ersten Beweger; und das, was die Bewegung initiiert, existiert bereits in Akt.*

Das heißt: Die Priorität der Aktualität über die Zeit ist nicht absolut. Die Aktualität ist nicht in jedem Sinne zeitlich der Potenz voraus. Es gibt einen gewissen Sinn, in dem die Potenz in Bezug auf die Zeit der Aktualität vorausgeht; und dies ist genau der einzige Sinn, in dem die Potenz der Aktualität vorausgeht. Tatsächlich ist der Same, der eine Pflanze in Potenz ist, der Pflanze in Akt vorangestellt.[86]

Temporale Vorrangigkeit erfordert eine größere Präzision. Der Same (Potenz) ist numerisch vor dem Weizen (Akt). Aber zeitlich vor diesen Potenzen gibt es andere Dinge, die in Akt existieren, aus denen die ersteren erzeugt werden. In einem konkreten Ding ist die Potenz vor dem Akt. Aber vor dieser Potenz gibt es einen Akt derselben Spezies. So wird immer aus dem, was in Potenz existiert, durch die Arbeit von etwas, das in Akt existiert, erzeugt.

**3-In Bezug auf die Natur.**

3.1.**Erstens**: Weil Dinge, die in Bezug auf die Generation nachgeordnet sind, in Bezug auf die spezifische Form, d.h. in Bezug auf das Sein, die Entität, die Substanz, vorrangig sind. Zum Beispiel ist der Erwachsene dem Kind vorrangig, und der Mensch dem Sperma: Denn der eine besitzt bereits die spezifische Form und der andere nicht. In diesem Abschnitt stützt sich Aristoteles grundlegend auf die Priorität des Ziels und zeigt, dass die Form Akt ist und der Akt das Ziel ist. Alles, was erzeugt wird, entwickelt sich in Richtung eines Ziels. Die Potenz wird als Funktion dieses Ziels betrachtet. Wir haben es oben bereits gesagt: Tiere sehen nicht, um das Sehen zu haben, sondern sie haben das Sehen, um zu sehen.

3.2.**Zweitens**: Weil ewige Dinge in Bezug auf ihr Sein vor vergänglichen Dingen vorrangig sind, und nichts, was in Potenz ist, ist von Korruption betroffen. Das bedeutet, ewige Entitäten, unvergängliche und in Akt existierende, sind vor denen, die vergänglich sind und von Korruption betroffen sind.

In *Metaphysik* Buch IX, Kapitel 7, fügt er eine weitere Begründung hinzu:

**4-In Bezug auf das Wissen**: Die Aktualität hat Vorrang vor der Potenz in der Ordnung des Wissens. Die Aktualität wird vor der Potenz bekannt, selbst wenn auch auf verwirrte Weise. Die Potenz kann nur durch die Aktualität erkannt werden.

# 8. DIE AKT

Aristoteles nennt den Akt *energeia* (ενέργεια). Er leitete diesen Begriff von einem Wort ab, das "Arbeit" bedeutet.

*(...) energeia, (...) erscheint niemals vor Aristoteles (vgl. V. Frtiz, Blair, usw.), man kann also sagen, dass er derjenige ist, der den Begriff geprägt hat.*[87]

Von der Akt, insbesondere spricht Aristoteles fast ausschließlich im Buch IX, Kapitel 6 der *Metaphysik*. Hier erläutert er die Bedeutung des Seins als Akt, die wir in den folgenden Punkten zusammenfassen:[88]

1-Der Sinn des Seins als Akt wird durch Bezugnahme auf Potenz etabliert.

2-Der Zugang zum Akt erfolgt nicht durch Definition (durch Gattung und Art: durch Formen), sondern *durch Induktion in den Einzelheiten und durch das Betrachten von Analogie*: Der Akt charakterisiert das Einzelne als Einzelnes.

3-Der Akt ist universal, soweit er in allen Einzelheiten gefunden wird: Er ist etwas, das allen gemeinsam ist.

4-Dennoch ist er nicht im eigentlichen Sinne universal, da das Einzelne gerade aufgrund des Akts ein Einzelnes ist: Das heißt, der Akt kann universell, aber nicht gemeinsam genannt werden.

5-Er ist nicht definierbar, denn die Definition ist der Ausdruck der Essenz; und der Akt ist keine Form oder Essenz, die vielen Individuen gemeinsam ist.

6-Der Zugang zum Wissen des Akts ist daher die analoge Methode.

7-Der analoge Vergleich zwischen den verschiedenen Akten ermöglicht es, den ersten Sinn des Akts festzulegen, auf den die anderen ausgerichtet sind.

Es herrscht keine Einigkeit unter zeitgenössischen Autoren über die aristotelische Bedeutung des Akts. Der Akt widersetzt sich der Definition: Er lässt keine formalen Unterscheidungen innerhalb seiner selbst nach Gattung und Unterschied zu. Der Akt zeigt sich nicht als universelles Konzept, sondern eher im Einzelnen als Einzelnes.

*Von den vielen Autoren, die energeia untersucht haben, haben nur wenige die reiche Vielfalt der Bedeutungen entdeckt, die sie hat. Diese Autoren sind hauptsächlich Monllor, Chung-Hwan, Trepanier, Bonitz und Le Blond. Von ihnen stechen die ersten vier hervor. Ihre Thesen stimmen in einer grundlegenden Idee überein: Energeia hat drei Bedeutungen: 1)Bewegung, kinesis; 2)Form, Vollkommenheit; 3)Operation, Handlung, Arbeit (ergon) und Praxis. Diese Autoren weisen darauf hin, dass entelecheia Vollkommenheit und Form bedeutet und dass sie später auch die anderen Bedeutungen von energeia einschließt.*[89]

Aristoteles verwendet den Begriff *energeia* erstmals als Akt im *Protrepticus*, einem Dialog, der um 353 v. Chr. an der Akademie verfasst wurde. In diesem Werk unterscheidet er zwischen Potenz und Akt (*dynamis* und *energeia*) und macht die verschiedenen Bedeutungen deutlich, die er dem Begriff geben wird.

Die Vorstellung des Akts ist analog. Der Akt wird in verschiedenen Bedeutungen verwendet.

Diese Bedeutungen von *energeia* oder Akt sind grundsätzlich drei:[90][91]

**Die erste Bedeutung des Akts ist Bewegung oder *Kinesis*.** Es ist die offensichtlichste oder leicht zu erkennende, aber gleichzeitig die brüchigste oder unvollkommenste. Es ist ein wesentlich unvollkommener oder unvollständiger Akt, der auch auf einem ebenso unvollendeten oder unvollkommenen Subjekt basiert. Der heilige Thomas sagt, dass der Akt, da er ein *primum simplex* (erstes Einfaches) ist, nicht definiert werden kann. Aristoteles fügt hinzu, dass *es ausreicht, die Analogie (...) in den Einzelheiten durch Induktion zu betrachten, um zu verstehen, was der Akt ist, indem er ihn mit der Potenz kontrastiert.* Der Stagirite versuchte in *Physik* III, 1 eine Definition, und sie lautet wie folgt: *Es ist der Akt des Seienden in Potenz, soweit es in Potenz ist.* Das Ziel der Bewegung ist die Substanz.

Es ist angebracht, hier zu zitieren, was der heilige Thomas in seinen *Kommentaren zu Physik* III, Lektion 2, dazu lehrt:

*Bedenken Sie daher, dass etwas nur im Akt ist, etwas anderes nur in Potenz ist, und etwas anderes dazwischen liegt. Was nur in Potenz ist, wird noch nicht bewegt; was bereits im perfekten Akt ist, wird nicht bewegt, sondern wurde bereits bewegt. Folglich wird das bewegt, was sich in der Mitte zwischen reiner Potenz und Akt befindet, das teilweise in Potenz und teilweise im Akt ist, wie es bei der Alteration offensichtlich ist. Oder wenn Wasser nur potenziell heiß ist, wird es nicht bewegt; wenn es jetzt erhitzt wurde, ist die Bewegung des Erhitzens abgeschlossen; aber wenn es "etwas Hitze besitzt, wenn auch unvollkommen, dann wird es bewegt - denn alles, was allmählich erhitzt wird, erwirbt Schritt für Schritt Hitze. Daher ist dieser unvollkommene Akt der Hitze, der in einem erhitzbaren Objekt vorhanden ist, Bewegung - nicht aufgrund dessen, was das erhitzbare Objekt bereits geworden ist, sondern insofern es bereits im Akt ist und eine Ordnung zu einem weiteren Akt hat. Denn wenn diese Ordnung zu einem weiteren Akt weggenommen wird, wäre der bereits vorhandene Akt, wenn auch unvollkommen, das Ende der Bewegung und nicht die Bewegung selbst - wie es geschieht, wenn etwas halb erhitzt wird. Diese Ordnung zu einem weiteren Akt gehört zur Sache, die in Potenz dazu steht.*[92]

Sowohl für Aristoteles als auch für Sankt Thomas ist Bewegung analog. Sie ist in keine der bekannten Kategorien eingeschlossen.

Bewegung ist ein Akt, wenn auch ein unvollkommener oder unvollständiger. Es ist auch der offensichtlichste Akt. Wir erfassen ihn unmittelbar in den sinnlichen Dingen, die uns umgeben.

Bewegung als Akt bezieht sich auf andere Akte. Jede Bewegung hat einen Ursprung und ein Ende.

*Nun bedeutet die Tatsache, dass der Akt in der Bewegung auf offensichtliche Weise erscheint, nicht, dass der Akt auf die Bewegung reduziert ist: "Der Akt erstreckt sich über die Dinge, die gemäß der Bewegung gesagt werden". "Es gibt nicht nur den Akt der Bewegung, sondern auch die Unbeweglichkeit". Bewegung ist nur ein unvollkommener Akt: und er ist unvollkommen, fügt Aristoteles hinzu, weil etwas sich nicht bewegt und das Ende der Bewegung erreicht hat. Es gibt eine Distanz zwischen Bewegung und dem Ende der Bewegung, und diese Distanz ist ihre Unvollkommenheit.*[93]

Der Ursprung der Bewegung ist seinerseits zweifach: Es gibt einen passiven oder materiellen Ursprung und einen aktiven oder effizienten Ursprung.

Was den Begriff "Ende" betrifft, so verweist die Bewegung auf eine gewisse Vollkommenheit, die sie zu erreichen sucht: Es ist die Form oder das Ziel. Nun dann: Das Ende der Bewegung ist auch ein bestimmter Akt, ein vollständiger Akt, zumindest relativ. Es ist die Vollendung des unvollkommenen Akts, in dem die Bewegung besteht, und daher wird der Begriff des Akts auch auf die Form und das Ende (die das Ende der Bewegung sind) angewandt.

Auf der anderen Seite ist der aktive Ursprung der Bewegung ebenfalls ein Akt, denn die gesamte Aktualität der Bewegung und das Ende der Bewegung müssen auf irgendeine Weise in ihrer Ursache enthalten sein. Deshalb wird die Handlung und das Prinzip der Handlung, das heißt der Agent, auch Akt genannt.

Abschließend sei gesagt: Das Wort Akt, obwohl es aus der Bewegung stammt, erstreckt sich dann auf den Agenten, die Handlung, die Form und das Ende.

**Die zweite Bedeutung des Akts ist *entelechia* (Entelechie)**. *Entelechia* ist ein von Aristoteles geschaffener Begriff. Es bedeutet Substanz *(ousia)* als Bedingung für das Ende der Potenz und der Bewegung, das heißt die vollständig aktualisierte, fertige und am Ende angelangte *energeia*. Ihr Erscheinen muss in dem Moment platziert werden, in dem Aristoteles mit der Platonischen Ideenlehre bricht, bevor er die Akademie verlässt (348 v. Chr.). *Energeia* und *entelechia* tauchen in vielen Fällen austauschbar auf. Tatsache ist, dass in vielen Passagen des aristotelischen Corpus der Begriff *entelechia* das Wort *energeia* ersetzt und die gleichen Bedeutungen assimiliert.

**Die dritte Bedeutung des Akts ist die Handlung**. Historisch gesehen ist sie die erste, die in Aristoteles' Denken auftaucht. Diese dritte Bedeutung des Akts präsentiert eine Bewegung, die ihr eigenes Ende besitzt. Es ist nicht die Bewegung, die in der Substanz endet, sondern die Bewegung, die ihr eigenes Ende verwirklicht. Es handelt sich daher um eine Form der Aktivität, die über der physischen Realität steht. Aus diesem Grund entsteht sie im Bereich der Lebewesen, insbesondere im Bereich des Wissens und des Verhaltens. Diese Überlegenheit ist wichtig zu betonen. Sie hat zwei Dimensionen: Handlung im engeren Sinne und Operation. In der *Summa Theologica* lehrt Sankt Thomas diesbezüglich:

*Wie in der Metaphysik IX, 16 festgestellt wird, ist die Handlung zweifach. Handlungen einer Art gelangen nach außen zur äußeren Materie, wie zum Beispiel Erwärmung oder Schneiden; während Handlungen der anderen Art im Agenten verbleiben, wie zum Verstehen, zum Wahrnehmen und zum Wollen. Der Unterschied zwischen ihnen besteht darin, dass die erstere Handlung die Vollendung nicht des bewegenden Agenten ist, sondern des bewegten Dings; während die letztere Handlung die Vollendung des Agenten ist.*[94]

Und in *De Veritate*:

*Es gibt zwei Arten von Handlungen. Eine geht vom Agenten aus und wirkt auf ein äußeres Ding ein, das sie verändert. Ein Beispiel für diese Art ist die Erleuchtung, die zu Recht als Handlung bezeichnet werden kann. Die zweite Art von Handlung geht nicht auf ein äußeres Ding hinaus, sondern bleibt im Agenten als seine Vollendung. Genauer gesagt, wird dies als Operation bezeichnet. Das Leuchten ist ein Beispiel für diese Art.*₉₅

**Der erste Typ der Handlung** ist die sogenannte transitive oder physische und prädikamentale Handlung. Es ist das aktive Prinzip der Bewegung. Es kann als Ausübung der effizienten Kausalität definiert werden. Es wird als transitiv bezeichnet, weil es im Wesentlichen in der Produktion eines äußeren und eigenständigen Effekts von sich selbst besteht. Es geschieht außerhalb des **Agenten** und produziert einen externen Effekt, der auf ein anderes Subjekt als Empfänger, genannt **Patient**, fällt. Erinnern wir uns hier daran, was wir in der *Einführung in die thomistische Metaphysik IV* über die Kategorien von Handlung und Leidenschaft gesehen haben.

**Der zweite Typ der Handlung** ist die immanente Handlung, auch Operation genannt. Ihr Unterschied zur transitiven Handlung ist klar. Bei der transitiven Handlung gibt es drei Elemente zu berücksichtigen: den Agenten, die Handlung und den Patienten. Die Handlung geht vom Agenten auf den Patienten über. Bei der Operation haben wir nur zwei Elemente: den Agenten und die Handlung. Die Handlung geht nicht auf einen Patienten über, sondern fällt auf den Agenten selbst.

Die beiden charakteristischen Modi der immanenten Handlung oder Operation sind das Wissen und der Wille. Sensible Appetition ist eine Leidenschaft.

*So wäre die erste Bedeutung des Akts die Bewegung, und von hier aus würde sie auf die Ursache der Bewegung, das heißt auf die Handlung, und schließlich auf das Ende der Bewegung übertragen, das die Form ist. Die*

*Form kann wiederum entweder als das Ende der Bewegung und der Handlung oder als der Anfang beider betrachtet werden, denn sicherlich kann dasjenige, das eine gewisse Aktualität oder Form erreicht hat, diese Aktualität an andere weitergeben, indem es selbst den Anfang einer neuen Handlung und einer neuen Bewegung bildet.*[96]

**Aber es gibt eine vierte Bedeutung des Akts, und das ist das Sein.** Tatsächlich verhalten sich alle oben genannten Bedeutungen des Akts in Bezug auf das Sein als das, was dem Aktuellen möglich ist. Und zwar sowohl in Bezug auf das aktuelle Sein als auch auf das mentale Sein. In *Summa Theologica* I, q.4, a.1, lehrt Sankt Thomas:

*Das Sein ist mit allem vergleichbar wie Akt. Nichts hat Aktualität, außer in dem Maße, in dem es ist. Daher ist das Sein selbst die Aktualität aller Dinge und sogar der Formen selbst. Und daher wird es nicht mit anderen Dingen wie dem Empfänger zum Empfangenen verglichen, sondern vielmehr wie das Empfangene zum Empfänger.*[97]

Sankt Thomas lehrt:

*Um den strittigen Punkt klarzustellen, muss beachtet werden, dass wir von der Potenz im Verhältnis zum Akt sprechen. Nun ist der Akt zweifach; der erste Akt, der eine Form ist, und der zweite Akt, der eine Operation ist. Anscheinend wurde das Wort 'Akt' zuerst universell im Sinne von Operation verwendet und dann zweitens übertragen, um die Form anzugeben, insofern die Form das Prinzip und das Ende der Operation ist. Ebenso ist die Potenz zweifach: die aktive Potenz entspricht dem Akt, der eine Operation ist - und anscheinend wurde das Wort 'Potenz' in diesem Sinne zuerst verwendet - und die passive Potenz, die dem ersten Akt oder der Form entspricht, der später den Namen 'Potenz' erhielt.*[98]

**Die Vorstellung des Akts weist auf Vollkommenheit hin.** Das, was im Akt ist, wird als vollkommen bezeichnet. Damit etwas real ist, muss es ein Akt sein oder an einem Akt teilhaben.

*Der Begriff "Akt" stammt vom lateinischen "actus" ab, von dem Verb "agere". Ursprünglich bedeutet es Handlung (...) Aber es kann auch das bedeuten, was durch Handlung getan, abgeschlossen oder erreicht wird; zum Beispiel, nach der Handlung, durch die sich ein Körper bewegt, befindet er sich im Akt, einen bestimmten Ort einzunehmen.*[99]

*Etwas als Akt zu erkennen, ermöglicht es uns nicht nur zu sagen, dass es so und so ist, sondern auch, dass es existiert. Dinge, die nicht existieren, können denkbar sein, existieren jedoch nicht, weil sie nicht im Akt existieren.*[100]

Was nichts von dem vermissen lässt, was ihm entspricht, ist perfekt. Dies kann in doppelter Hinsicht bei den Geschöpfen vorkommen:

**-Es kann sich auf die Substanz beziehen**. Oder erste Vollendung. Es ist der Akt, durch den eine Substanz als perfekt bezeichnet werden kann, das heißt, als bestehend. Zum Beispiel die substantielle Form.

**-Es kann sich auf das Ende beziehen**. Oder zweite Vollkommenheit. Es ist der Akt (die Operation), durch den eine Substanz ihr Ziel erreicht, das von ihr selbst verschieden ist.

Der Akt ist das Seiende, das wird, auf das das mögliche Seiende hin orientiert war. Der Akt ist die Verwirklichung des realen Seienden (der Entität), die dem tatsächlichen Seienden (der Entität) möglich war. Sie sind also korreliert: Das Mögliche ist möglich, soweit es eine Kapazität für den Akt ist, und der Akt ist seine Verwirklichung. Folglich ist der Akt in analoger Weise vielfältig, je nach der Vielfalt der Potenz, die verwirklicht wird. Zusammenfassend:

1-Das mögliche Sein und das tatsächliche Sein sind verschieden. Ersteres ist nichts anderes als die Disposition für das, was letzteres tatsächlich ist.

2-Potenz und Akt stehen in gewisser Weise sogar widersprüchlich gegenüber, insofern sie einander als Sein und Nicht-Sein derselben Sache gegenüberstehen. Daraus entstand das aristotelische Axiom: **Dasselbe kann niemals aus derselben Perspektive im Akt und in der Potenz sein.** Dies war auch der Grund, auf den sich Aristoteles stützte, um zu behaupten, dass alles, was sich bewegt, von einem anderen bewegt werden muss.

3-So ergab sich logisch dieses andere Axiom: **Keine Aktivität entspricht einem möglichen Sein, da es noch nicht existiert.** Nur ein tatsächliches Sein kann aktiv sein.

4-Der Akt an sich ist immer vollkommener als die Potenz. Daher ist er im Bösen auch schlimmer als die Potenz. Sankt Thomas drückte dies in folgenden Worten aus: *Actus semper superat potentiam in bono et in malo.*[101]

Nur der Schöpfer ist ein reiner subsistierender Akt und hat keine Potenz. Geschaffene Sein sind Entitäten, die aus Akt und Potenz bestehen und als in Akt bezeichnet werden, wenn sie ihn besitzen, und als in Potenz, wenn sie ihn noch nicht besitzen, aber die reale Fähigkeit haben, ihn zu besitzen. Der Weg, der von maximal real zu minimal real führt, ist der Weg von Gott, der wesentlich Akt ist, zur Urmaterie, die wesentlich Potenz ist.

Wie wir oben gesagt haben, steht der Akt in der Naturordnung vor der Potenz. Alles, was im Akt ist, ist es durch die Teilhabe an der Fülle des Akts, das heißt am reinen Akt oder Gott. Aber alles, was in der Potenz ist, ist es nicht durch die Teilhabe an der reinen Potenz, das heißt an der Urmaterie, sondern durch ihre Disposition zum Akt. Nur Vollkommenheiten sind teilbar; das Subjekt der Vollkommenheit (das heißt das vervollkommnete Subjekt), ist als solches nicht teilbar. Der reine Akt (Gott) ist nicht mehr Vollkommenheit im Sinne, dass er etwas vervollkommnet, sondern im Sinne, dass Gott von nichts oder niemandem vervollkommnet werden kann.

Die volle Vorstellung des Akts entspricht Gott. Er allein ist die vollkommenste Realität ohne jede Potenz. Wir kennen zuerst die geschaffenen Entitäten und dann den Schöpfer, zu dem wir uns durch analoge Methode von den Geschöpfen erheben. Daher entspricht die erste

Vorstellung des Akts den Handlungen, die den geschaffenen Entitäten eigen sind: Es sind unvollkommene Akte, die durch Potenz begrenzt sind. Es gibt niemals eine Vorstellung des Akts, die nicht gleichzeitig und gemeinsam mit der seiner Potenz erfasst wird.

# ZUM ABSCHLUSS

**1-Was ist der Ausgangspunkt des Philosophierens für Aristoteles und Sankt Thomas?**
Für sowohl Aristoteles als auch Sankt Thomas ist der Ausgangspunkt allen Philosophierens die sinnliche Realität, die effektiv gegeben ist.

**2-Was dachten die klassischen voraristotelischen Philosophen über das Problem von Sein und Werden?**
Sie stimmten nicht in ihren Schlussfolgerungen überein. Aus diesem Grund können wir zwei extreme Strömungen unterscheiden, die trotz ihrer Gegensätzlichkeit zu demselben Endresultat gelangten: Monismus.

**3-Was sind diese beiden extreme Strömungen?**
Es handelt sich um die heraklitische Strömung und die eleatische Strömung.

**4-Was dachten die Heraklitier?**
Heraclitus von Ephesus (um 544-484 v.Chr.) war ihr größter Vertreter. Sein fundamentales Prinzip: Alles ist Bewegung. Für ihn gibt es nur Bewegung, Werden, Geschehen und Veränderung. Das Sein ist nicht. Nichts bleibt. Er verneint die Möglichkeit eines aktuellen, permanenten und unveränderlichen Seins.

**5-Was erwiderte Aristoteles auf Heraclitus?**
Aristoteles wird sagen, dass es Bewegung und Werden gibt. Die Veränderung ist in der Realität offensichtlich. Aber die Verneinung eines permanenten und festgelegten Seins verneint das Werden selbst: Ein Werden ohne eine Entität, die wird, eine Veränderung ohne etwas Bleibendes, das von einer Art des Seins zur anderen übergeht, ist undenkbar. Wenn alles nur Werden ist, gibt es nichts, da alles nur Werden ist. Und wenn nichts ist, ist alles dasselbe: das Wahre und das Falsche, das Sein und das Nicht-Sein, das Werden und das Nicht-Werden. Ein solches Denken verneint das Prinzip des Widerspruchs, das im wissenschaftlichen Ordnung das erste und höchste ist.

### 6-Was dachte die Eleatische Schule?

Ihr größter Vertreter war Parmenides von Elea (um 540-470 v.Chr.), für den die Bewegung bloße Erscheinung war. Die Veränderung ist eine Illusion. Das Sein ist und das Nicht-Sein ist nicht. Was darüber hinausgeht, ist Fiktion. Nichts wird, denn wenn es würde, müsste es aus dem Nichts oder aus etwas geboren werden; aus dem Nichts wird nichts, was aus etwas wird, wird nicht, denn es war bereits. Es gibt nur das aktuelle und beständige Sein.

### 7-Was erwiderte Aristoteles auf Parmenides?

Aristoteles wird sagen, dass zwischen dem Nichts und dem Sein ein dritter Begriff liegt: das potenzielle Sein. Was aus Veränderung entsteht, stammt nicht aus etwas Aktuellem, sondern aus etwas Potenziellem, so dass das, was nur wirklich möglich war, wirklich effektiv wird.

### 8-Welche Doktrin entwickelte Aristoteles, um das Problem von Sein und Werden zu erklären?

Aristoteles entwickelte die Doktrin von Akt und Potenz.

### 9-Welche Disziplin untersucht die Veränderung, die wir in der Realität beobachten?

Die Philosophie der Natur oder Physik. In dieser Disziplin entwickelt Aristoteles die Grundlagen seiner Doktrin vom Werden der Seienden.

### 10-Wie klassifiziert Aristoteles die Veränderung?

Für Aristoteles ist die Veränderung offensichtlich. Abhängig vom Seienden, das betroffen ist, kann die Veränderung substanziell oder akzidentell sein.

### 11-Was ist substanzielle Veränderung?

Substanzielle Veränderung ist die Veränderung, die die Substanz betrifft. Sie umfasst zwei Aspekte: Generation und Korruption. Laut Aristoteles gibt es in dieser Art von Veränderung keine Bewegung, da diese nur zwischen Gegensätzen auftritt. Es gibt nichts, das dem Sein entgegengesetzt ist.

### 12-Was ist Generation?

Generation *(generatio)* ist die Veränderung, die zur Bildung einer neuen Substanz führt.

### 13-Was ist Korruption?

Korruption *(corruptio)* ist die Veränderung, durch die eine Substanz zerstört wird.

### 14-Was ist akzidentelle Veränderung?

Akzidentelle Veränderung ist die Veränderung, die die Akzidenzien der Substanz betrifft. Die Akzidenzien verändern sich. Die Substanz verändert sich nicht, sie bleibt unveränderlich. Für Aristoteles verdient diese Veränderung den Namen Bewegung. Es gibt drei Arten von akzidenteller Veränderung: quantitative, qualitative und lokale Veränderung.

### 15-Was ist quantitative Veränderung?

Es ist die Veränderung, die die Quantität der Substanz betrifft. In diesem Fall untersuchen wir die Augmentation und Diminution.

### 16-Was ist qualitative Veränderung?

Es ist die Veränderung, die die Eigenschaften der Substanz betrifft. In diesem Fall untersuchen wir die Alteration.

### 17-Was ist lokale Veränderung?

Es ist die Veränderung des Ortes oder die Translation der Substanz. In diesem Fall untersuchen wir die Translation.

### 18-Welche anderen Klassifikationen macht Aristoteles von Veränderung?

In seiner *Physik*, Kapitel VIII, unterscheidet Aristoteles aus einer anderen Perspektive zwischen eigentlicher Veränderung und akzidenteller Veränderung. Er sagt uns, dass alles, was sich verändert, dies auf eigentliche oder akzidentielle Weise tut. Das heißt: Jede Veränderung kann sein: 1-<u>An sich oder *per se*</u>. Es handelt sich um eine natürliche Veränderung. 2-<u>Akzidentell oder *per accidens*</u>. Auch künstlich, erzwungen, gegen die Natur oder gewaltsam genannt. Am Anfang von Buch V der *Physik* führt Aristoteles eine neue Klassifikation ein. Er wird sagen, dass das, was sich verändert, dies auf drei Arten tut: 1-<u>Akzidentell</u> oder *per accidens*. 2-<u>Teilweise</u> oder *per partem*, und 3-<u>Von sich aus</u> oder *per se primum*.

**19-Welche neue Klassifikation der Bewegung (akzidenteller Veränderung) führt Aristoteles in Buch V der Physik ein?**

Er führt eine neue Klassifikation ein und unterscheidet: 1-Bewegt sich akzidentell. 2-Bewegt sich zum Teil ursprünglich und zum Teil akzidentell. 3-Bewegt sich ursprünglich.

**20-Was ist die Bewegung für die thomistische Metaphysik?**

Es handelt sich um jede Veränderung, die in der Realität der Seienden auftritt, sei es in der Substanz oder in den Akzidenzien. Das aristotelische Konzept, das Bewegung auf die Veränderung in den Akzidenzien beschränkte und das vom Stagirite selbst in verschiedenen Passagen seiner *opera omnia* widersprochen wird, wird auch aus physikalischer Sicht nicht berücksichtigt. "Beweglich" sowie "Bewegung oder Motion" müssen in einem sehr weitreichenden Sinn verstanden werden: Sie bezeichnen jede Art von Veränderlichkeit oder möglicher Mutation.

**21-Was sind die drei Elemente des Werdens?**

Die drei Elemente des Werdens sind: 1-Das, was geworden ist, d.h. das aktuelle Seiende. 2-Das, aus dem das aktuelle Seiende geworden ist, d.h. das potentielle Seiende. 3-Das, wodurch das potentielle Seiende aktuell wird, das ist die effiziente Ursache.

**22-Was sind die Prinzipien der Veränderung oder Bewegung?**

Die Prinzipien der Veränderung oder Bewegung sind dreifach: Form, Privation und Materie. Jede Veränderung erfordert also: 1-Das Subjekt, das sich verändert: die Materie. 2-Die Bestimmung, die empfangen wird: die Form. 3-Das vorherige Fehlen dieser Bestimmung: die Privation.

### 23-Was sind die konstitutiven Elemente des körperlichen Seienden?

Die konstitutiven Elemente des körperlichen Seienden sind Materie und Form.

### 24-Wie definiert Aristoteles die Materie?

Im Buch I der *Physik*, Kapitel 9, definiert Aristoteles die Materie als das erste Substrat für jedes Sein, aus dem etwas entsteht und immanent bleibt, ohne akzidentell zu sein.

### 25-Wie definiert Sankt Thomas die Materie?

Sankt Thomas definiert die Materie in seinem *Kommentar zur Physik* I, 1 15, als *das erste Subjekt ist, aus dem etwas per se und nicht per accidens entsteht und das in der Sache ist, nachdem sie entstanden ist.*

### 26-Was ist das charakteristische Merkmal der Materie?

Das charakteristische Merkmal der Materie ist ihre absolute Unbestimmtheit.

### 27-Was impliziert die Unbestimmtheit der Materie?

Sie impliziert, dass die Materie reine Potenz ist. Sie ist das Subjekt des ersten Akts, der ein Seiendes in die Realität bringt. Wenn die Materie vor ihrer Konfiguration aktualisiert würde, wäre sie Substanz.

### 28-Was ist die Urmaterie *(materia prima)*?

Die Urmaterie *(materia prima)* ist das erste und absolut unbestimmte Subjekt, das zusammen mit der substantiellen Form die substantielle Natur der Körper bildet (Gardeil).

### 29-Was ist die zweite Materie?

Die zweite Materie kann als das Subjekt definiert werden, in dem akzidentelle Formen oder Bestimmungen körperlicher Substanzen aufgenommen werden (Gardeil).

**30-Wie werden Materie und Form nach Aristoteles und Sankt Thomas betrachtet?**

Nach Aristoteles und Sankt Thomas werden Materie und Form immer in Beziehung zueinander gesetzt, als Potenz und Akt. Die Form ist der erste Akt der Materie. Die Urmaterie mangelt an Aktualität, sie ist reine Potenz. Es ist die Form, die ihr Aktualität verleiht. Die Urmaterie ist in Potenz, eine Form zu empfangen, das heißt, aktualisiert zu werden. Vom Potenzial zur Aktualität als Materie im Akt.

**31-Was ist die Form?**

Die Form ist das, was die Materie bestimmt, etwas zu sein. Sie ist das, durch das eine Entität das ist, was sie ist. Zum Beispiel: In einem Holztisch ist das Holz die Materie, aus der der Tisch besteht, und die Form ist das Modell, dem der Tischler gefolgt ist, um den Tisch zu machen.

**32-Was bilden die Materie und die Form?**

Die Form konfiguriert die Urmaterie *(materia prima)*. Dabei bilden beide (Materie und Form) das körperliche Seiende. Aber neue Formen können auf die zweite Materie zugreifen, wobei sie dieses Mal nur akzidentelle Veränderungen am körperlichen Seienden bewirken. Schließlich sollte daran erinnert werden, dass die Urmaterie im konstituierten körperlichen Seienden nicht verschwindet, sondern in Potenz für neue substantielle Formen bleibt.

**33-Welche hat ontologische Vorherrschaft, Materie oder Form?**

In der substantiellen Verbindung ist die Form ontologisch zuerst: Das körperliche Seiende ist hauptsächlich Form. Die Form hat Vorrang vor der Materie, der sie ihre Gestalt gibt.

**34-Was ist das Wesen des körperlichen Seienden?**

Das Wesen des körperlichen Seienden ist die Verbindung von Materie und Form. Aber die Form ist das Wesen in einfachen Seienden (menschliche Seele und Engel), die keine Materie haben.

### 35-Wie und wann vereinigen sich Materie und Form?

Materie und Form vereinigen sich unmittelbar und werden direkt als Potenz und Akt bestimmt. Sie sind untrennbar vom Ding.

### 36-Welche Perspektive führt Aristoteles bei der Betrachtung des Seienden ein?

Aristoteles führt eine neue Perspektive bei der Betrachtung des Seienden als Seiendes ein: die Frage von Potenz und Akt. Das Seiende wird in verschiedenen Sinnen gesagt. Einer davon ist das Seiende als Akt oder Potenz. Das Seiende als Akt zu sehen, bedeutet, es in einem statischen Sinn zu sehen. Das Seiende als Potenz zu sehen, bedeutet, es in einem dynamischen Sinn zu sehen. Im ersten Fall weiß ich, was das Seiende jetzt ist, aber nicht, was es werden kann. Im zweiten Fall entdecke ich seine Potenziale und seine Fähigkeiten.

### 37-Was versteht der gesunde Menschenverstand unter Akt und Potenz?

Der gesunde Menschenverstand liefert die Bedeutung von Akt und Potenz, die die Metaphysik *a posteriori* vertiefen wird. Die unmittelbarste Bedeutung des Wortes Akt ist die einer Handlung, die Bewegung impliziert. Ähnliches gilt für Potenz. Zunächst wird es als Synonym für Macht, die Fähigkeit zu aktuieren, verwendet.

### 38-Wie werden Akt und Potenz metaphysisch betrachtet?

Potenz und Akt sind die ersten notwendigen und konstitutiven Elemente jeder Seienden. Dies ist die erste und radikalste Teilung des Seienden: Potenz als Gattung, das bestimmende Prinzip; Akt als Differenz, das bestimmte Prinzip.

### 39-Auf welche Kategorien findet die Lehre von Akt und Potenz Anwendung?

Die Lehre von Akt und Potenz gilt für alle Kategorien: Das substantielle Sein besteht notwendigerweise aus substantieller Potenz und substantiellem Akt, und das akzidentelle Sein ist ebenfalls eine notwendige Verbindung von akzidenteller Potenz und akzidentiellem Akt.

**40-Wie stellt Aristoteles die Lehre von Akt und Potenz in Beziehung zur Veränderung?**

Aristoteles wird die Veränderung definieren, indem er sagt, dass es der Übergang von Seiendem in Potenz zu Seiendem im Akt ist. Dies ist die Realität des Werdens und die der sich bewegenden Seienden.

**41-Gehört das Seiende in Potenz zur Realität?**

Das Seiende in Potenz gehört bereits zur Realität, ist aber noch nicht vollkommen verwirklicht.

**42-Ist das Seiende im Akt vollkommen?**

Der Akt an sich bedeutet nur Vollkommenheit, das heißt die Verwirklichung der Natur des betreffenden Seienden. Das Seiende im Akt ist hinsichtlich der erreichten Natur perfekt, aber nicht vollständig. Vollkommenheit ist nur im reinen Akt oder Gott. In den anderen Seienden ist sie nicht vollständig; es ist eine Sehnsucht nach Vollständigkeit. Diese Sehnsucht wird von der Potenz erfüllt, die die Fähigkeit zur Vollkommenheit ist.

**43-Wie werden Akt und Potenz durch ihre gegenseitigen Beziehungen erklärt?**

Potenz und Akt werden durch ihre gegenseitigen Beziehungen definiert und erklärt. Potenz ist wie eine Kapazität, ein Anfang; der Akt ist die Ergänzung. Potenz ist alles, was Entwicklung und Vollkommenheit beansprucht; der Akt ist die Vollkommenheit, die ihm gegeben wird.

**44-Welches ist vorrangig, der Akt oder die Potenz?**

Der Akt ist der Potenz gegenüber vorrangig. Die Potenz ist im Akt "verankert" und steht in keiner Weise oder in irgendeinem Maße im Gegensatz dazu. Der Akt ist zuerst, überlegen, vorher und Ursache in Bezug auf die Potenz. Die Potenz steht im Verhältnis zum Akt, ist aber nicht gleichwertig mit ihm.

**45-Welche Beziehung haben Akt und Potenz zur Realität?**

Potenz und Akt befinden sich auf der realen Ebene. Sie sind Prinzipien der Realität.

### 46-Welche Beziehung haben das Mögliche und das Unmögliche zur Realität?

Das Mögliche und das Unmögliche befinden sich auf der Ebene der Rede. In der Realität finden wir weder das Mögliche noch das Unmögliche, sondern Akte und Potenzen.

### 47-Welche Beziehung hat das Mögliche zur Potenz?

Es ist die Anwesenheit oder Abwesenheit von Potenz, die es uns ermöglicht, von etwas -einem Akt- zu sprechen, das in der Realität auftreten kann, auch wenn es jetzt nicht auftritt. Daher können wir sagen, dass das Mögliche in der Potenz enthalten ist. Tatsächlich ist die Potenz die Quelle all des Möglichen; all der Gegensätze (heilen-schaden) und aller Widersprüche (gehen-nicht gehen). Zum Beispiel ermöglicht uns unsere Fähigkeit zur Fortbewegung zu gehen oder nicht zu gehen. Wenn dies nicht der Fall wäre, würden das Mögliche und das Notwendige identifiziert, und die Vorstellung der Potenz würde zerstört, da es nur Akte geben würde: Die Fähigkeit zu gehen wäre immer zu gehen.

### 48-Wie erfasst unser Verstand Akt und Potenz?

Was unser Verstand erfasst, ist die Verbindung von Akt und Potenz. Das heißt, das konkrete Seiende. Wir verstehen nicht den Akt einerseits und die Potenz andererseits. Unser Verstand erfasst den Akt als Akt der Potenz und die Potenz in Bezug auf ihren Akt.

### 49-Gegen wen verteidigt Aristoteles die Lehre von Akt und Potenz?

Aristoteles verteidigt die Lehre von Akt und Potenz gegen die Megariker, eine Schule, die von Euklid von Megara gegründet wurde. Sie ist eine der sogenannten sokratischen Schulen. Das Charakteristikum seines Denkens war die folgende metaphysische Idee: Man kann nur von einem aktuellen Sein sprechen; über das Potenzielle (oder Zukünftige) kann nichts gesagt werden. Diese Idee steht im Zusammenhang mit seinen Argumenten gegen Bewegung und Generation.

**50-Wo macht er diese Verteidigung?**

Im Buch IX der *Metaphysik*, Kapitel 3. In diesem Sinne stützt er sich auf die Erfahrung. Seine Gegner stützen sich auf strenge Logik, die der Erfahrung fremd ist. Aristoteles verwendet die Logik, soweit sie sich auf die ontologische Realität bezieht.

**51-Was ist die Hauptdefinition der Potenz für Aristoteles?**

Die Hauptdefinition der Potenz für Aristoteles lautet wie folgt: Ein Prinzip, das eine Veränderung in etwas anderem oder in sich selbst, jedoch als anderes, hervorbringt. Es handelt sich um einen analogischen Begriff.

**52-Wie charakterisiert Aristoteles das Unmögliche?**

Er charakterisiert das Unmögliche als das, dem die Potenz fehlt; das heißt, dem in der Realität keine Potenz entspricht, aus der es entsteht.

**53-Wie charakterisiert Aristoteles das Mögliche?**

Etwas ist möglich, wenn durch das Vorhandensein des Akts dessen, was gesagt wird, Potenz zu haben, nichts Unmögliches entsteht. Die beiden Elemente, die das Mögliche charakterisieren, sind 1-Potenz zu haben, aus der oder in der in den Akt übergegangen werden kann. 2-Dass dieser Akt nicht im Widerspruch zum Existierenden steht, das heißt, dass es nichts gibt, das ihn verhindert. Ein Beispiel, das von Aristoteles angeboten wird: Es ist möglich, dass aus diesem Samen ein Baum entsteht, wenn nichts es verhindert. Was eine Potenz verlangt, ist ihre Verwirklichung. Die Hindernisse sind etwas Umständliches, nicht Wesentliches für die Potenz.

**54-Wie unterscheiden sich mögliche Seiende und potenzielle Seiende?**

Das mögliche Seiende hat eine Realität des gedanklichen Objekts, eine reine spirituelle Realität im Geist dessen, der es konzipiert, und im Wesentlichen in der göttlichen Intelligenz. Das Seiende in Potenz hingegen gehört zur außergedanklichen Realität. Es existiert in der Realität eines konkreten Seienden, jedoch als ein Projekt. Das Seiende in Potenz und das mögliche Seiende sind beide auf die Existenz ausgerichtet: Sie können existieren. Aber keines von ihnen existiert im Moment..

### 55-Was bedeutet der Begriff "möglich" metaphysisch?

Der Begriff "möglich" hat zwei metaphysische Bedeutungen: 1-Möglich als das Gegenteil von Notwendig. Diese erste Bedeutung ist identisch mit der des Kontingenten und daher nicht die eigentliche Bedeutung. Nach dieser Bedeutung bezeichnen wir Dinge als möglich, die sein können oder nicht sein können. 2-Möglich im Gegensatz zu Unmöglich. Das ist sein strenger Sinn. Es sollte beachtet werden, dass etwas möglich ist: 2.1-An sich selbst. In sich selbst und in absoluter Weise ist alles möglich, das die Vernunft des Seins hat. 2.2-Gemäß einer aktiven oder passiven Potenz. In diesem Fall ist etwas möglich, je nachdem, ob man die reale Fähigkeit besitzt, einen bestimmten Akt oder eine Vollkommenheit zu empfangen oder auszuüben..

### 56-Woher stammt die Verwechslung von Akt-Potenz mit Möglichkeit-Verwirklichung?

Die Verwechslung von Akt und Potenz mit Möglichkeit und Verwirklichung rührt daher, dass Potenz als etwas rein Logisches verstanden wird und Akt als das Ergebnis des Besitzes des Akts. Akt und Potenz sind konstitutive Prinzipien des endlichen körperlichen Seienden und des geistigen Seienden. Es gibt kein Seiendes ohne diese Prinzipien. Sie sind reale Prinzipien, nicht nur logische. Es gibt keine Realität ohne Akt und Potenz.

### 57-Wie stehen Potenz und Akt zueinander?

Man kann sagen, dass es sich um eine Beziehung von einem Zustand der Unvollkommenheit (Potenz) zu einem Zustand der Vollkommenheit (Akt) handelt. Die fertige Statue ist perfekt; im Marmorblock existierte sie nur in einem unvollkommenen Zustand.

### 58-Wie klassifiziert Aristoteles Potenz?

Aristoteles klassifiziert Potenz, indem er den analogen Charakter von Potenz bestätigt, in 1-Aktive Potenz. Es ist die Fähigkeit, ein anderes als ein anderes zu verändern. 2-Passive Potenz. Es ist die Fähigkeit, von einem anderen als einem anderen verändert zu werden (Gardeil). Dann unterscheidet er zwischen rationalen Potenzen und nicht-rationalen Potenzen. Ursprünglich hatte er die Bedeutung von Potenz von denjenigen Potenzen getrennt, die in Bezug auf die vorherigen Potenzen mehrdeutig wären, wie sie beispielsweise in der Geometrie vorkommen.

### 59-Wie die Potenz basierend auf den Beiträgen von Aristoteles klassifiziert werden sollte?

Zuerst ist es notwendig zu unterscheiden: 1. Die Potenz im eigentlichen Sinne oder subjektive Potenz. 2. Die mögliche oder objektive Potenz. Die **subjektive Potenz** ist unterteilt in: 1-**Aktive Potenz**. Sie bezieht sich auf das Prinzip der Aktivität im Agenten, das das Seiende ins Existenz bringt. Sie kann sein:1.1-Unerschaffen. 1.2-Erschaffen. Die wiederum unterteilt ist in: 1.2.1-Rationale. Sie ist immanent dem Agenten. 1.2.2-Nicht-rationale. Sie stammt aus einer transeunten Handlung. 2-**Passive Potenz**. Es ist die Fähigkeit einer Sache, von einem anderen Agenten verändert zu werden. Es ist die passive Potenz (Patient), die durch die Aktivität des Agenten entsteht. Die passive Potenz, als ein Prinzip der erschaffenen Seienden, ist ein intrinsisches Prinzip der Sache. Es ist eigen, dass die passive Potenz eine Rolle als Träger des Akts spielt. Die Potenz steht unter *(substare)* dem Akt. Die **passive Potenz** ist wiederum unterteilt: **Hinsichtlich des Agent**: 2.1-Natürliche. Sie bezieht sich auf einen unmittelbar zur Potenz proportionierten Agent. 2.2-Gehorsam. Sie bezieht sich auf einen transzendenten Agent. Insbesondere die göttliche Potenz. **Hinsichtlich des Akts**: 2.3-Passive Potenz in Bezug auf einen wesentlichen Akt (substantielle Form). 2.4-Passive Potenz in Bezug auf einen akzidentellen Akt (akzidentelle Form).

### 60-Wie nennt Sankt Thomas die passive Potenz?

Sankt Thomas nennt die passive Potenz *principium patiendi ab alio* (Prinzip des Leidens unter einem anderen).

### 61-Welche Elemente enthält die thomistische Definition der passiven Potenz?

Die Definition enthält drei wichtige Elemente: 1-*Principium*. Es handelt sich um eine Eignung, Fähigkeit oder Disposition für eine neue Art des Seins. Zum Beispiel entdecken wir im Marmor die Disposition für eine Statue, eine Disposition, die im Wasser nicht vorhanden ist. 2-*Patiendi*. Leiden und passiv sein bedeutet in der Aristotelischen Philosophie die Fähigkeit, von einem anderen nicht nur Aktivitäten, sondern auch neue Arten des Seins zu empfangen, sowohl akzidentell als auch substantiell. 3-Der Beweger und der Bewegte. Hier haben wir es mit folgendem Fall zu tun: Entweder handelt es sich um zwei verschiedene Subjekte, und dann kommt das Bewegte von einem anderen; oder sie sind beide im selben Subjekt, wie es bei der eigenen Bewegung der Fall ist, bei der dasselbe Subjekt aktiv und passiv ist. Aber auch in diesem Fall kann der bewegende Teil des Subjekts nicht mit dem bewegten identifiziert werden, da letzteres als *ens potentiale* (potenzielles Seiende) ein Nicht-Sein ist, während ersteres als Beweger ein Sein ist. Nun: Dasselbe kann nicht zur gleichen Zeit sein und nicht sein. Daher sagt Aristoteles, dass *das, was bewegt wird, von einem anderen bewegt wird, oder soweit es ein Anderes ist.*

### 62-Was ist die Privation?

Es ist das Fehlen von etwas, wie es Aristoteles in Buch IX, Kapitel 1 *ab initio* der *Metaphysik* sagt. Streng genommen handelt es sich um das Fehlen von Vollkommenheit, die von Natur aus einem Seienden entspricht oder die ein Seiendes von Natur aus besitzen kann.

### 63-Was ist die Beziehung zwischen Potenz und Privation?

Privation ist nicht Potenz. Aber das Subjekt der Privation ist die Entität in Potenz: Das Fehlen von Vollkommenheit wird als Privation bezeichnet, soweit das Subjekt in Potenz war, sie zu besitzen. Im strengen Sinn betrachtet setzt Privation Potenz voraus, ist aber nicht mit ihr identisch. Privation bezieht sich nur auf das Nicht-Besitzen dessen, was besessen werden kann. Sie schließt nicht die positive Fähigkeit zum Besitz ein, die ausschließlich der Potenz zukommt. Wenn Potenz aktualisiert wird, verschwindet die Privation. Wenn die Privation die Potenz selbst betrifft, wird sie Impotenz genannt.

### 64-Was ist das Ziel der Potenz?

Das Ziel der Potenz ist der Akt. Potenz ist die Fähigkeit zu handeln. Potenz hat kein anderes Ziel als die Erreichung des Akts.

### 65-In welchem Sinn ist die Akt der Potenz voraus?

Aristoteles lehrt in der Metaphysik, Buch IX, Kapitel 8, dass der Akt vor der Potenz steht: 1-Was die Vorstellung betrifft: Die Vorstellung der Aktualität geht notwendigerweise der Vorstellung der Potenz voraus, und das Wissen um die Aktualität geht dem Wissen um die Potenz voraus. 2-In Bezug auf die Zeit: Was aktuell ist, ist vorrangig, wenn es um dasselbe in Bezug auf die Spezies geht, aber nicht, wenn es um dasselbe Individuum geht. 3-In Bezug auf die Natur. 3.1.Erstens: Weil Dinge, die in Bezug auf die Generation nachgeordnet sind, in Bezug auf die spezifische Form, d.h. in Bezug auf das Sein, die Entität, die Substanz, vorrangig sind. 3.2.Zweitens: Weil ewige Dinge in Bezug auf ihr Sein vor vergänglichen Dingen vorrangig sind, und nichts, was in Potenz ist, ist von Korruption betroffen. In Metaphysik Buch IX, Kapitel 7, fügt er eine weitere Begründung hinzu: 4-In Bezug auf das Wissen: Die Aktualität hat Vorrang vor der Potenz in der Ordnung des Wissens. Die Aktualität wird vor der Potenz bekannt, selbst wenn auch auf verwirrte Weise. Die Potenz kann nur durch die Aktualität erkannt werden.

### 66-Wie nennt Aristoteles den Akt?

Aristoteles nennt den Akt *energeia*. Er hat diesen Begriff aus einem Wort abgeleitet, das Arbeit bedeutet. Der Begriff erschien nie zuvor vor Aristoteles, und man kann sagen, dass er ihn geprägt hat. Zum ersten Mal verwendet er den Begriff *energeia* als Akt im *Protrepticus*, einem Dialog, der um 353 v. Chr. verfasst wurde, als er an der Akademie war. In diesem Werk unterscheidet er zwischen Potenz und Akt (*dynamis* und *energeia*) und macht die verschiedenen Bedeutungen des Begriffs explizit.

### 67-Wo spricht Aristoteles über den Akt?

Von Akt spricht Aristoteles fast ausschließlich im Buch IX, Kapitel 6 der *Metaphysik*. Hier erläutert er den Sinn des Seins als Akt.

### 68-Was können wir über den Sinn des Seins als Akt sagen?

Der Sinn des Seins als Akt wird durch Bezugnahme auf Potenz etabliert. Der Akt charakterisiert das Einzelne, soweit es ein Einzelnes ist. Er ist etwas Universelles, soweit er in allen Einzelnen vorkommt. Allerdings ist er nicht im eigentlichen Sinne universell, denn das Einzelne ist gerechterweise ein Einzelnes aufgrund des Akts: Das bedeutet, der Akt kann als universell, aber nicht als gemeinsam bezeichnet werden. Er ist nicht definierbar, denn die Definition ist der Ausdruck einer Essenz, und der Akt ist keine Form oder Essenz, die vielen Individuen gemeinsam ist. Daher ist der Zugang zur Erkenntnis des Akts die analoge Methode.

### 69-Welche drei Bedeutungen hat *energeia* als Akt?

*Energeia* hat drei Bedeutungen: 1)Bewegung, Kinesis; 2)Form, Vollkommenheit (Entelechie); 3)Operation, Handlung, Arbeit (*ergon*), Praxis.

### 70-Ist die Vorstellung des Akts analog?

Die Vorstellung des Akts ist analog. Der Akt wird in verschiedenen Bedeutungen verwendet. Der hl. Thomas sagt, dass der Akt als *primum simplex* nicht definiert werden kann. Aristoteles fügt hinzu, dass es ausreicht, die Analogie in den Einzelnen durch Induktion zu betrachten, um zu verstehen, was der Akt ist, indem man ihn mit der Potenz kontrastiert.

### 71-Was ist die Bewegung als Akt?

Was nur in Potenz ist, bewegt sich noch nicht; was bereits im vollkommenen Akt ist, bewegt sich auch nicht, sondern wurde bereits bewegt; was sich also bewegt, ist das, was sich in einer Zwischenlage zwischen reiner Potenz und Akt befindet, das, was teilweise in Potenz und teilweise in Akt ist, das, was in unvollkommenem Akt ist, ist die Bewegung. Die Bewegung ist daher der Akt eines Existierenden in Potenz.

### 72-Was ist der Akt als *entelechia*?

*Entelechia* ist ein Begriff, den Aristoteles geprägt hat. Er bedeutet Substanz (*ousia*) als Bedingung für das Ende der Potenz und der

Bewegung, das heißt, *energeia*, die vollständig aktualisiert, beendet und ihr Ende erreicht hat. *Energeia* und *entelechia* tauchen in vielen Fällen austauschbar auf.

### 73-Was versteht man unter "Handlung" als Akt?

Es handelt sich nicht um die Bewegung, die in der Substanz endet, sondern um die Bewegung, die ihr eigenes Ende verwirklicht. Sie hat zwei Dimensionen: die Handlung selbst und die Operation.

### 74-Was versteht man unter "Handlung im eigentlichen Sinne"?

Es handelt sich um die Handlung, die vom Agenten zu einer äußeren Sache (Patient) ausgeht und sie verändert. Sie wird auch als transitive oder physische und prädikamentale Handlung bezeichnet. Sie ist das aktive Prinzip der Bewegung. Sie kann als Ausübung der effizienten Ursächlichkeit definiert werden.

### 75-Was versteht man unter "Operation"?

Es handelt sich um die immanente Handlung. In der Operation haben wir nur zwei Elemente: den Agenten und die Handlung. Letztere geht nicht auf einen Patienten über, sondern fällt auf den Agenten selbst. Die beiden charakteristischen Modi der immanenten Handlung oder Operation sind das Wissen und der Wille. Die sinnliche Appetition ist eine Leidenschaft.

### 76-Was ist die vierte Bedeutung des Akts?

Es gibt eine vierte Bedeutung des Akts, und das ist das Sein. Tatsächlich verhält sich das Sein zu allem wie der Akt zum Möglichen. Tatsächlich hat nichts Aktualität, außer insoweit, als es ist. Daher ist das Sein selbst die Aktualität aller Dinge und sogar der Formen selbst. Und so wird es nicht zu den anderen wie der Empfänger zum Empfangenen verglichen, sondern eher wie das Empfangene zum Empfänger.

### 77-Warum hat der hl. Thomas gesagt, dass der Akt zweifach ist?

Der hl. Thomas sagte, dass der Akt zweifach ist, je nach der Betrachtungsweise, die von ihm gemacht werden kann. Erstens als erster Akt, der die Form ist. Zweitens als zweiter Akt, der die Operation ist. Der

Name "Akt" wurde zunächst auf die Operation angewendet, denn dies ist der offensichtlichste Sinn, den das Wort "Akt" hat. Aber zweitens wurde er auf die Form übertragen, insofern die Form der Anfang und das Ende der Operation ist.

### 78-Was gibt die Vorstellung des Akts an?

Die Vorstellung des Akts gibt Vollkommenheit an. Das, was im Akt ist, wird als perfekt bezeichnet. Um real zu sein, muss es ein Akt sein oder am Akt teilnehmen. Dinge, die nicht existieren, können denkbar sein, existieren aber nicht, weil sie nicht im Akt existieren.

### 79-Wie erfolgt die Vollkommenheit in Geschöpfen?

Die Vollkommenheit in den Geschöpfen erfolgt wie folgt: 1-Sie kann sich auf die Substanz beziehen, das heißt auf die erste Vollkommenheit. Es ist der Akt, durch den eine Substanz als perfekt betrachtet werden kann, das heißt, als existierend. Zum Beispiel die wesentliche Form. 2-Sie kann sich auf das Ziel beziehen, das heißt auf die zweite Vollkommenheit. Es ist der Akt (die Operation), durch den eine Substanz ihr Ziel erreicht, das von ihr selbst unterschieden ist.

### 80-Wem entspricht die vollständige Vorstellung des Akts?

Die vollständige Vorstellung des Akts entspricht Gott. Er allein ist die vollkommenste Realität, die keine Potenz hat. Wir kennen zuerst die geschaffenen Entitäten und dann den Schöpfer, zu dem wir uns durch die analoge Methode von den Geschöpfen erheben.

# ENDNOTEN

[1]MANSER GALLUS. *La esencia del Tomismo*. Traducción de la segunda edición alemana. Madrid. 1947. Seite 82.

[2]MANSER GALLUS. *La esencia del Tomismo*. Traducción de la segunda edición alemana. Madrid. 1947. Seite 82.

[3]GARDEIL, H. D. *Introduction to the Philosophy of. St. Thomas Aquinas. II. COSMOLOGY.* Translated by John A. Otto, ph.d. B. HERDER BOOK CO. St. Louis. Second printing, 1962. Seite 19.

[4]GARCIA ZERECERO GABRIELA. *Una aproximación filosófica a la naturaleza del movimiento: una perspectiva necesaria en el estudio de la realidad natural.* Eikasia Revista de Filosofía. Enero 2014. Nr.54 Eikasia Ediciones. Oviedo España. Seiten 68-92.

[5]ARISTOTLE. *PHYSICS.* Translated by R. P. Hardie and R. K. Gaye. Electronic Edition. Jonathan Barnes, Princeton University Press, Princeton, N.J. 1991.Seite 82. 225b10-225b16.

[6]GARDEIL H.D. *Introduction to the Philosophy of St. Thomas IV. Metaphysics.* Herder Book Co. London, W. C. 1 1967. Seite 307.

[7]GOMEZ PEREZ RAFAEL. *Introducción a la Metafísica.* Cuarta edición. Ediciones Rialp SA. Madrid. 1990. Seite 241.

[8]GARDEIL H.D. *Introduction to the Philosophy of St. Thomas IV. Metaphysics.* Herder Book Co. London, W. C. 1 1967. Seite 303.

[9]GARCIA ZERECERO GABRIELA. *Una aproximación filosófica a la naturaleza del movimiento: una perspectiva necesaria en el estudio de la realidad natural.* Eikasia Revista de Filosofía. Enero 2014. Nr. 54 Eikasia Ediciones. Oviedo España. Seiten 68-92.

[10]GARCIA ZERECERO GABRIELA. *Una aproximación filosófica a la naturaleza del movimiento: una perspectiva necesaria en el estudio de la realidad natural.* Eikasia Revista de Filosofía. Enero 2014. Nr. 54 Eikasia Ediciones. Oviedo España. Seiten 68-92.

[11]GARDEIL H.D. *Introduction to the Philosophy of St. Thomas IV. Metaphysics.* Herder Book Co. London, W. C. 1 1967. Seiten 296-297.

[12]ARISTOTLE. *PHYSICS.* Translated by R. P. Hardie and R. K. Gaye. Electronic Edition. Jonathan Barnes, Princeton University Press, Princeton, N.J. 1991.Seite 79. 224a19-224b10.

[13]ARISTOTLE. *PHYSICS.* Translated by R. P. Hardie and R. K. Gaye. Electronic Edition. Jonathan Barnes, Princeton University Press, Princeton, N.J. 1991. Seite 79. 224a 19-224b 10.

[14]ARISTÓTELES. *Física.* Introducción, traducción y notas de Guillermo R. de Echandía. Editorial Gredos. Madrid. 1995. Anmerkung Nr. 3 am

unteren Rand der Seite 299.

[15]Wir haben den ausgezeichneten Artikel von Dr. MODESTO BERCIANO VILLALIBRE mit dem Titel *Einführung in Aristoteles* transkribiert, der auf seiner Website konsultiert werden kann und sollte: http://www.modestoberciano.50webs.com/. Kapitel 9. Seiten 66-67.

[16]GARDEIL H.D. *Introduction to the Philosophy of St. Thomas IV. Metaphysics.* Herder Book Co. London, W. C. 1 1967. Introduction *ii.*

[17]AQUINAS, THOMAS. *Commentary on Aristotle's Physics.* Books I-II translated by Richard J. Blackwell, Richard J. Spath & W. Edmund Thirlkel Yale University Press, 1963. Html edition by Joseph Kenny, O.P. [Link to the text] https://isidore.co/aquinas/english/Physics.htm. Book I *The Principles of Natural Things.* Lecture 1 (184 a 9-b 14). Nr. 3.

[18]ARISTOTLE. *PHYSICS.* Translated by R. P. Hardie and R. K. Gaye. Electronic Edition. Jonathan Barnes, Princeton University Press, Princeton, N.J. 1991. Buch I, 185a 12. Seite. 3.

[19]GARCIA ZERECERO GABRIELA. *Una aproximación filosófica a la naturaleza del movimiento: una perspectiva necesaria en el estudio de la realidad natural.* Eikasia Revista de Filosofía. Enero 2014. Nr.54 Eikasia Ediciones. Oviedo España. Seiten 68-92.

[20]Siehe SERTILLANGES A.D. *Santo Tomás de Aquino. Tomo II.* Ediciones Desclée de Brouwer. Buenos Aires. 1946. Seite 9.

[21]MANSER GALLUS. *La esencia del Tomismo.* Traducción de la segunda edición alemana. Madrid. 1947. Seite 87.

[22]Siehe MANSER GALLUS. *La esencia del Tomismo.* Traducción de la segunda edición alemana. Madrid. 1947. Seite 87.

[23]Siehe MANSER GALLUS. *La esencia del Tomismo.* Traducción de la segunda edición alemana. Madrid. 1947. Seiten 91-92.

[24]ARISTOTLE. *PHYSICS.* Translated by R. P. Hardie and R. K. Gaye. Electronic Edition. Jonathan Barnes, Princeton University Press, Princeton, N.J. 1991. Seite 17.192a 4-192a 15.

[25]GARCIA ZERECERO GABRIELA. *Una aproximación filosófica a la naturaleza del movimiento: una perspectiva necesaria en el estudio de la realidad natural.* Eikasia Revista de Filosofía. Enero 2014. Nr.54 Eikasia Ediciones. Oviedo España. Seiten 68-92.

[26]FERRATER MORA JOSE. *Diccionario de Filosofía. Tomo II.* Konsultierter Artikel: "Materia". Editorial Sudamericana. Buenos Aires. Quinta Edición. Seite 153.

[27]ARISTOTLE. *PHYSICS.* Translated by R. P. Hardie and R. K. Gaye. Electronic Edition. Jonathan Barnes, Princeton University Press, Princeton, N.J. 1991. Seite18. 192a 25-192a 34.

[28]AQUINAS, THOMAS. *Commentary on Aristotle's Physics*. Books I-II translated by Richard J. Blackwell, Richard J. Spath & W. Edmund Thirlkel Yale University Press, 1963. Html edition by Joseph Kenny, O.P. [Link to the text] https://isidore.co/aquinas/english/Physics.htm. Book I *The Principles of Natural Things*. Lecture 15 (191 b 35-192 b 5). Nr. 139.

[29]AQUINAS, ST. THOMAS. *The Summa Theologica*. Translated by Fathers of the English Dominican Province. Benziger Bros. Edition. 1947. I, q.92, a.2 ad.2. https://isidore.co/aquinas/summa/index.html

[30]Siehe FERRATER MORA JOSE. *Diccionario de Filosofía. Tomo II.* Konsultierter Artikel: "Materia". Editorial Sudamericana. Buenos Aires. Quinta Edición. Seite 153.

[31]ARISTOTLE. Metaphysics. Book 7. [1029a 20-21] Perseus Digital Library. Gregory R. Cane. Editor-in-chief. Tufts University.

[32]MANSER GALLUS. *La esencia del Tomismo*. Traducción de la segunda edición alemana. Madrid. 1947. Seiten 575-576.

[33]Siehe MANSER GALLUS. *La esencia del Tomismo*. Traducción de la segunda edición alemana. Madrid. 1947. Seite 583.

[34]MANSER GALLUS. *La esencia del Tomismo*. Traducción de la segunda edición alemana. Madrid. 1947. Seite 585. Ich übersetze: *Die Urmaterie ist in Potenz zum substanziellen Akt, der die Form ist, und daher ist diese Potenz selbst ihre Essenz.*

[35]MANSER GALLUS. *La esencia del Tomismo*. Traducción de la segunda edición alemana. Madrid. 1947. Seiten 574-575.

[36]MANSER GALLUS. *La esencia del Tomismo*. Traducción de la segunda edición alemana. Madrid. 1947. Seite 575.

[37]Siehe ALVIRA TOMAS. *Significado metafísico del acto y la potencia en la filosofía del ser.* Universidad de Navarra. Anuario filosófico. Band 12. Nr. 1. 1979. Seiten 9-46.

[38]GARDEIL H.D. *Introduction to the Philosophy of St. Thomas IV. Metaphysics.* Herder Book Co. London, W. C. 1 1967. Seite 311.

[39]ARISTÓTELES. *Física*. Introducción, traducción y notas de Guillermo R. de Echandía. Editorial Gredos. Madrid. 1995. Buch I, Kapitel 9. Seite 121. Kommentar: Als konstitutiver Faktor wird die Materie, nachdem die Sache entstanden ist, beibehalten.

[40]Siehe MANSER GALLUS. *La esencia del Tomismo*. Traducción de la segunda edición alemana. Madrid. 1947. Seite 578.

[41]Siehe FERRATER MORA JOSE. *Diccionario de Filosofía. Tomo I.* Konsultierter Artikel: "Forma". Editorial Sudamericana. Buenos Aires. Quinta Edición. Seite 716.

[42]FERRATER MORA JOSE. *Diccionario de Filosofía. Tomo I.*

Konsultierter Artikel: "Forma". Editorial Sudamericana. Buenos Aires. Quinta Edición. Seite 716.

[43]SERTILLANGES A.D. *Santo Tomás de Aquino. Tomo II.* Ediciones Desclée de Brouwer. Buenos Aires. 1946. Seite 12.

[44]ARISTOTLE. *PHYSICS.* Translated by R. P. Hardie and R. K. Gaye. Electronic Edition. Jonathan Barnes, Princeton University Press, Princeton, N.J. 1991. Seite 17 192a 16-192a 24.

[45]ARISTOTLE. *PHYSICS.* Translated by R. P. Hardie and R. K. Gaye. Electronic Edition. Jonathan Barnes, Princeton University Press, Princeton, N.J. 1991. Seite 52. 209b 22-209b 29.

[46]DE GARAY SUÁREZ-LLANOS JESUS. *La identidad del acto, según Aristóteles.* Universidad de Navarra. Anuario filosófico. Band 18. Nr. 2. 1985. Seiten 49-86.

[47]Siehe DE GARAY SUÁREZ-LLANOS JESUS. *La identidad del acto, según Aristóteles.* Universidad de Navarra. Anuario filosófico. Band 18. Nr. 2. 1985. Seiten 49-86.

[48]MANSER GALLUS. *La esencia del Tomismo.* Traducción de la segunda edición alemana. Madrid. 1947. Seiten 83-84.

[49]MANSER GALLUS. *La esencia del Tomismo.* Traducción de la segunda edición alemana. Madrid. 1947. Seite 47. Der Satz dieses berühmten Thomisten ist Gegenstand der Diskussion. Er verteidigt ihn mit Entschiedenheit und gesundem Urteilsvermögen in dem zitierten Werk. Persönlich habe ich keine festgelegte Position dazu.

[50]Siehe MANSER GALLUS. *La esencia del Tomismo.* Traducción de la segunda edición alemana. Madrid. 1947. Seite 81.

[51]STORK YEPES RICARDO. Universidad de Navarra. Anuario Filosófico. Band 22. Nr.1. 1989. Seiten 93-112.

[52]ALVIRA TOMAS. *Significado metafísico del acto y la potencia en la filosofía del ser.* Universidad de Navarra. Anuario filosófico. Band 12. Nr. 1. 1979. Seiten 9-46.

[53]ARISTÓTELES. *Metafísica.* Introducción, traducción y notas de Tomás Calvo Martínez. Editorial Gredos. Primera edición. Segunda reimpresión. Madrid. 1994. Buch VI, Kapitel 2. Seite 270.

[54]Siehe ALVIRA TOMAS. *Significado metafísico del acto y la potencia en la filosofía del ser.* Universidad de Navarra. Anuario filosófico. Band 12. Nr. 1. 1979. Seiten 9-46.

[55]GARDEIL H.D. *Introduction to the Philosophy of St. Thomas IV. Metaphysics.* Herder Book Co. London, W. C. 1 1967. Seiten 184-185.

[56]SERTILLANGES A.D. *Santo Tomás de Aquino. Tomo I.* Ediciones Desclée de Brouwer. Buenos Aires. 1946. Seite 80.

[57]Siehe HUGON EDUARDO. *Principios de Filosofía. Las Veinticuatro Tesis Tomistas.* BAF Ediciones. Editorial Poblet. Buenos Aires. 1940. Seite 10.

[58]GARDEIL H.D. *Introduction to the Philosophy of St. Thomas IV. Metaphysics.* Herder Book Co. London, W. C. 1 1967. Seiten 185-186.

[59]HUGON EDUARDO. *Principios de Filosofía. Las Veinticuatro Tesis Tomistas.* BAF Ediciones. Editorial Poblet. Buenos Aires. 1940. Seite 8.

[60]Siehe SERTILLANGES A.D. *Santo Tomás de Aquino. Tomo I.* Ediciones Desclée de Brouwer. Buenos Aires. 1946. Seiten 81-82.

[61]GARCÍA MARQUÉS ALFONSO. *Potencia, finalidad y posibilidad en "Metafísica" IX, 3-4.* Universidad de Navarra. Anuario Filosófico. Band 23. Nr. 2. 1990. Seiten 147-160.

[62]Siehe GARCÍA MARQUÉS ALFONSO. *Potencia, finalidad y posibilidad en "Metafísica" IX, 3-4.* Universidad de Navarra. Anuario Filosófico. Band 23. Nr. 2. 1990. Seiten 147-160.

[63]SERTILLANGES A.D. *Santo Tomás de Aquino. Tomo I.* Ediciones Desclée de Brouwer. Buenos Aires. 1946. Seite 82.

[64]ARISTÓTELES. *Metafísica.* Introducción, traducción y notas de Tomás Calvo Martínez. Editorial Gredos. Primera edición. Segunda reimpresión. Madrid. 1994. Buch IX. Kapitel 6. Seiten 375-376.

[65]Siehe GIRALDEZ EMILIO ISIDORO. *La defensa aristotélica frente a la crítica megárica de la diferencia entre el acto y la potencia.* Zeitschrift *Espíritu.* Nr. LVI. Barcelona. 2007. Seiten 81-100.

[66]FERRATER MORA JOSE. *Diccionario de Filosofía. Tomo II.* Konsultierter Artikel: "Megáricos". Editorial Sudamericana. Buenos Aires. Quinta Edición. Seite 170.

[67]ALVIRA TOMAS. *Significado metafísico del acto y la potencia en la filosofía del ser.* Universidad de Navarra. Anuario filosófico. Band 12. Nr. 1. 1979. Seiten 9-46.

[68]ARISTÓTELES. *Metafísica.* Introducción, traducción y notas de Tomás Calvo Martínez. Editorial Gredos. Primera edición. Segunda reimpresión. Madrid. 1994. Buch V, Kapitel 12. Seiten 234-235.

[69]ARISTÓTELES. *Metafísica.* Introducción, traducción y notas de Tomás Calvo Martínez. Editorial Gredos. Primera edición. Segunda reimpresión. Madrid. 1994. Buch V, Kapitel 12. Seite 235.

[70]ARISTÓTELES. *Metafísica.* Introducción, traducción y notas de Tomás Calvo Martínez. Editorial Gredos. Primera edición. Segunda reimpresión. Madrid. 1994. Buch V, Kapitel 12 *in fine.* Seite 237.

[71]ALVIRA TOMAS. *Significado metafísico del acto y la potencia en la filosofía del ser.* Universidad de Navarra. Anuario filosófico. Band 12. Nr.

1. 1979. Seiten 9-46.

[72]GARCÍA MARQUÉS ALFONSO. *Potencia, finalidad y posibilidad en "Metafísica" IX, 3-4.* Universidad de Navarra. Anuario Filosófico. Band 23. Nr. 2. 1990. Seiten 147-160.

[73]Siehe GARCÍA MARQUÉS ALFONSO. *Potencia, finalidad y posibilidad en "Metafísica" IX, 3-4.* Universidad de Navarra. Anuario Filosófico. Band 23. Nr. 2. 1990. Seiten 147-160.

[74]Siehe ALVIRA TOMAS. *Significado metafísico del acto y la potencia en la filosofía del ser.* Universidad de Navarra. Anuario filosófico. Band 12. Nr. 1. 1979. Seiten 9-46.

[75]MANSER GALLUS. *La esencia del Tomismo.* Traducción de la segunda edición alemana. Madrid. 1947. Seite 86.

[76]SERTILLANGES A.D. *Santo Tomás de Aquino. Tomo I.* Ediciones Desclée de Brouwer. Buenos Aires. 1946. Siete 80.

[77]*Potentia dicitur ad actum* es wird ins Deutsche übersetzt als "*Potenz wird auf den Akt bezogen.*

[78]SERTILLANGES A.D. *Santo Tomás de Aquino. Tomo I.* Ediciones Desclée de Brouwer. Buenos Aires. 1946. Seite 81.

[79]Siehe ALVIRA TOMAS. *Significado metafísico del acto y la potencia en la filosofía del ser.* Universidad de Navarra. Anuario filosófico. Band 12. Nr. 1. 1979. Seiten 9-46.

[80]Ich übersetze: *Prinzip des Leidens durch ein anderes.* Der heilige Thomas sagt in der *Summa Theologica* I, q.66 a.1 *(...) denn für das, was in Potenz zur Form ist, bedeutet das Fehlen von Form eine Privation.*

[81]Siehe MANSER GALLUS. *La esencia del Tomismo.* Traducción de la segunda edición alemana. Madrid. 1947. Seiten 87-90.

[82]Ich übersetze: *Fehlen der Form in dem, was im Potenzial zur Form ist.*

[83]ARISTÓTELES. *Metafísica.* Introducción, traducción y notas de Tomás Calvo Martínez. Editorial Gredos. Primera edición. Segunda reimpresión. Madrid. 1994. Buch V, Kapitel 22. Seiten 250-251.

[84]ARISTÓTELES. *Metafísica.* Introducción, traducción y notas de Tomás Calvo Martínez. Editorial Gredos. Primera edición. Segunda reimpresión. Madrid. 1994. Buch IX, Kapitel 8. Seite 383.

[85]ARISTÓTELES. *Metafísica.* Introducción, traducción y notas de Tomás Calvo Martínez. Editorial Gredos. Primera edición. Segunda reimpresión. Madrid. 1994. Anmerkung 29 von Buch IX, Kapitel 8. Seite 381.

[86]Siehe DE GARAY SUÁREZ-LLANOS JESUS. *La identidad del acto, según Aristóteles.* Universidad de Navarra. Anuario filosófico. Band 18. Nr. 2. 1985. Seiten 49-86.

[87]STORK YEPES RICARDO. *El origen de la "energía" en Aristóteles.*

Universidad de Navarra. Anuario filosófico. Band 22. Nr. 1. 1989. Seiten 93-112.

[88]Siehe DE GARAY SUÁREZ-LLANOS JESUS. *La identidad del acto, según Aristóteles.* Universidad de Navarra. Anuario filosófico. Band 18. Nr. 2. 1985. Seiten 49-86.

[89]STORK YEPES RICARDO. *Los sentidos del acto en Aristóteles.* Universidad de Navarra. Anuario filosófico. Bund 25 (Ausgabe zum 25. Jubiläum). Nr. 3. 1992. Seiten 493-512.

[90]Siehe STORK YEPES RICARDO. *Los sentidos del acto en Aristóteles.* Universidad de Navarra. Anuario filosófico. Bund 25 (Ausgabe zum 25. Jubiläum). Nr. 3. 1992. Seiten 493-512.

[91]Siehe GARCÍA LÓPEZ JESUS. *Analogía de la noción de acto según Santo Tomás.* Universidad de Navarra. Anuario filosófico. Band 6. Nr. 1. 1973. Seiten 145-176.

[92]AQUINAS, THOMAS. *Commentary on Aristotle's Physics.* Books I-II translated by Richard J. Blackwell, Richard J. Spath & W. Edmund Thirlkel Yale University Press, 1963. Html edition by Joseph Kenny, O.P. [Link to the text] https://isidore.co/aquinas/english/Physics.htm. Book III *Mobile Being in general.* Lecture 2. Nr. 285.

[93]DE GARAY SUÁREZ-LLANOS JESUS. *La identidad del acto, según Aristóteles.* Universidad de Navarra. Anuario filosófico. Band 18. Nr. 2. 1985. Seiten 49-86.

[94]AQUINAS, ST. THOMAS. *The Summa Theologica.* Translated by Fathers of the English Dominican Province. Benziger Bros. Edition. 1947. I, q.18 a.3 ad.1. https://isidore.co/aquinas/summa/index.html

[95]AQUINAS, THOMAS. *Questiones Disputatae de Veritate.*Übersetzt von Robert W. Mulligan, S.J. Chicago: Henry Regnery Company, 1952. html-Edition von Joseph Kenny, O.P. Q. 8 a.6 Resp. *ab initio.*

[96]GARCÍA LÓPEZ JESUS. *Analogía de la noción de acto según Santo Tomás.* Universidad de Navarra. Anuario filosófico. Band 6. Nr.1. 1973. Seiten 145-176.

[97]AQUINAS, ST. THOMAS. *The Summa Theologica.* Translated by Fathers of the English Dominican Province. Benziger Bros. Edition. 1947. I, q.4 a.1 Resp. https://isidore.co/aquinas/summa/index.html

[98]AQUINAS, THOMAS. *Quaestiones disputatae de potentia Dei.* Translated by the English Dominican Fathers Westminster, Maryland: The Newman Press, 1952, reprint of 1932. Html edition by Joseph Kenny, O.P. Q.1 a.1. https://isidore.co/aquinas/english/QDdePotentia.htm#8:4.

[99]ALVIRA TOMAS. *Significado metafísico del acto y la potencia en la*

*filosofía del ser.* Universidad de Navarra. Anuario filosófico. Band 12. Nr. 1. 1979. Seiten 9-46. Das Transkript wurde vom Autor aus MILLÁN PUELLES A. übernommen. *Fundamentos de filosofía.* Segunda Edición. Rialp. Madrid.1958. Seite 447.

[100]DE GARAY SUÁREZ-LLANOS JESUS. *La identidad del acto, según Aristóteles.* Universidad de Navarra. Anuario filosófico. Band 18. Nr. 2. 1985. Seiten 49-86.

[101]Cf. MANSER GALLUS. *La esencia del Tomismo.* Traducción de la segunda edición alemana. Madrid. 1947. Seiten 90-91. Ich übersetze: *Der Akt übertrifft immer die Potenz im Guten und im Schlechten.*